ATENÇÃO PLENA
PARA INICIANTES

JON KABAT-ZINN
ATENÇÃO PLENA
PARA INICIANTES

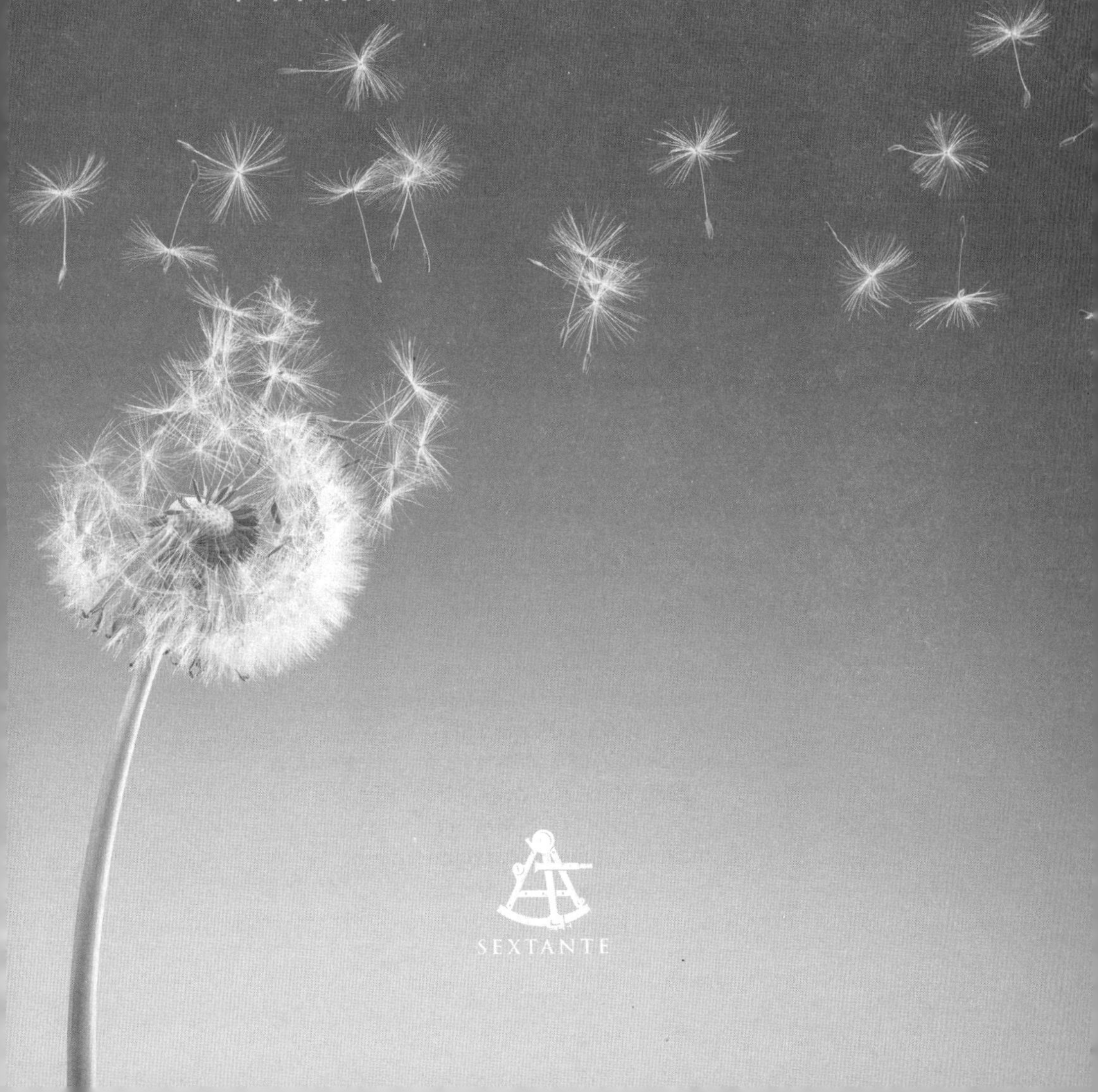

Título original: *Mindfulness for Beginners*

Copyright © 2012, 2016 por Jon Kabat-Zinn
Copyright da tradução © 2017 por GMT Editores Ltda.
Esta edição foi publicada por meio de um acordo exclusivo com Sounds True, Inc.

Todos os direitos reservados. Nenhuma parte deste livro pode ser utilizada ou reproduzida sob quaisquer meios existentes sem autorização por escrito dos editores.

tradução: Ivo Korytowski
preparo de originais: Rafaella Lemos
revisão: Luis Américo Costa e Tereza da Rocha
diagramação: Valéria Teixeira
capa: Mariana Newlands
imagem de capa: Caiaimage / Andy Roberts / Getty images
impressão e acabamento: Bartira Gráfica

CIP-BRASIL. CATALOGAÇÃO NA PUBLICAÇÃO
SINDICATO NACIONAL DOS EDITORES DE LIVROS, RJ

K12a   Kabat-Zinn, Jon
Atenção plena para iniciantes / Jon Kabat-Zinn ; tradução Ivo Korytowski. - 1. ed. - Rio de Janeiro : Sextante, 2023.
176 p. ; 23 cm.

Tradução de: Mindfulness for beginners
ISBN 978-65-5564-595-8

1. Atenção plena (Psicologia). 2. Corpo e mente. 3. Meditação. I. Korytowski, Ivo. II. Título.

22-81480

CDD: 158.13
CDU: 159.952

Meri Gleice Rodrigues de Souza - Bibliotecária - CRB-7/6439

Todos os direitos reservados, no Brasil, por
GMT Editores Ltda.
Rua Voluntários da Pátria, 45 – 14.º andar – Botafogo
22270-000 – Rio de Janeiro – RJ
Tel.: (21) 2538-4100
E-mail: atendimento@sextante.com.br
www.sextante.com.br

para o eterno iniciante em cada um de nós

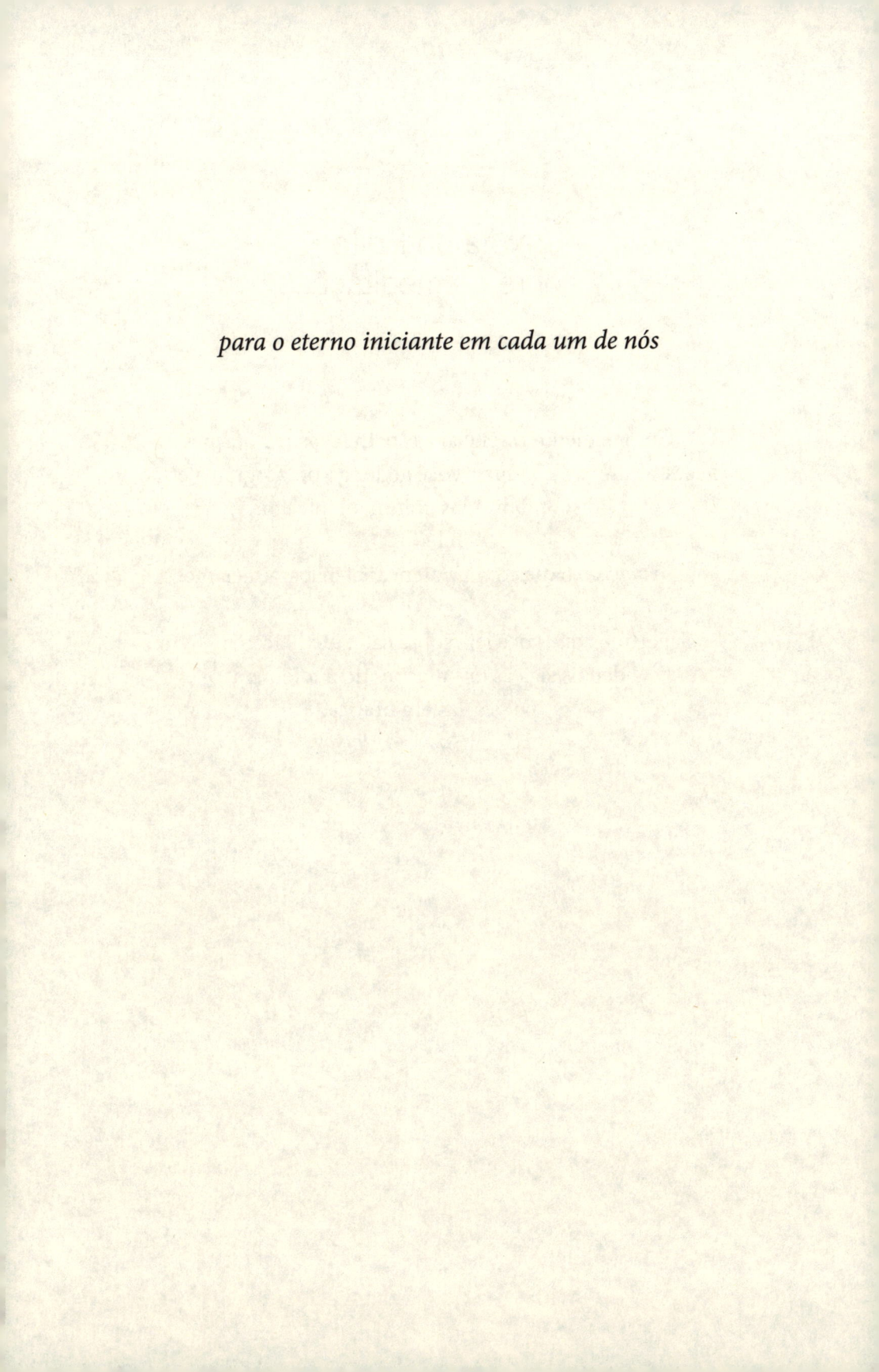

Nota do Editor
sobre as meditações

Complemento essencial a este livro, as meditações
necessárias para conduzir você ao longo do programa estão
disponibilizadas gratuitamente em:

www.sextante.com.br/atencaoplenaparainiciantes

Sugerimos que você leia sobre cada meditação no livro e
depois siga as orientações do áudio para
colocá-las em prática.

Sumário

Introdução   11

PARTE I   PONTO DE PARTIDA   17

    Mente de iniciante   19
    A respiração   21
    Quem está respirando?   23
    O trabalho mais difícil do mundo   24
    Cuidando do momento presente   26
    Atenção plena é consciência   27
    Modo Atuante e modo Existente   28
    Base científica   29
    A atenção plena é universal   31
    O despertar   32
    Estabilizando e calibrando o seu instrumento   34
    Habitar a consciência é a essência da prática   36
    A beleza da disciplina   38
    Ajustando seu estado geral padrão   40
    Consciência: o único recurso capaz de equilibrar
       o pensamento   42
    É possível treinar a atenção e a consciência   44
    Não há nada de errado em pensar   45
    Fazendo amizade com o pensamento   46
    Metáforas da mente   48
    Não leve os pensamentos para o lado pessoal   50

Egocentrismo — 52
Nosso caso de amor com os pronomes pessoais *eu*, *mim* e *meu* — 53
A consciência é um vasto reservatório — 55
Os objetos da atenção não são tão importantes quanto a própria atenção — 57

PARTE II CONSTÂNCIA — 59

O Programa de Redução do Estresse Baseado na Atenção Plena — 61
Um fenômeno mundial — 63
Uma atenção afetuosa — 65
A atenção plena de todos os sentidos — 66
Propriocepção e interocepção — 68
A unidade da consciência — 70
O saber é consciência — 71
A própria vida torna-se a prática de meditação — 72
Você já encontrou o seu lugar — 73
Bem debaixo do seu nariz — 74
Atenção plena não é apenas uma boa ideia — 75
Retomando o contato — 76
Quem sou eu? Questionando a própria narrativa — 77
Você é maior do que qualquer narrativa — 78
Você nunca deixa de ser pleno — 81
Prestando atenção de uma forma diferente — 83
Não saber — 84
A mente preparada — 85
O que é para você ver? — 86

PARTE III APROFUNDAR — 87

Nenhum lugar a ir, nada a fazer — 89
O fazer que advém do ser — 90

Agir de forma apropriada	92
Se você está consciente do que está acontecendo, está fazendo certo	93
Não julgar é um ato de inteligência e gentileza	95
Sua única alternativa é ser você mesmo. Que bom!	97
Incorporando o conhecimento	98
Sentindo alegria pelos outros	100
A catástrofe completa	101
Minha consciência do sofrimento é sofrimento?	102
O que significa a libertação do sofrimento?	104
Situações infernais	106
A libertação está na própria prática	108
A beleza da mente que conhece a si mesma	111
Cuidando da sua prática de meditação	113
Conservando energia na prática de meditação	114
A atitude de não violência	116
Ganância: A sucessão de insatisfações	118
Aversão: O outro lado da ganância	120
As ilusões e a armadilha das profecias autorrealizáveis	123
Agora é sempre o momento certo	124
O "conteúdo" é "apenas isto"	125
Devolvendo a sua vida a você	127
Levando a atenção plena mais longe	129

PARTE IV AMADURECER — 133

As atitudes básicas da prática da atenção plena	135
1. Não julgamento	135
2. Paciência	136
3. Mente de iniciante	137
4. Confiança	138
5. Não esforço	139
6. Aceitação	142
7. Desapego	144

PARTE V PRÁTICA	147
Iniciando a prática formal	149
Quatro recomendações para a prática formal	151
Atenção plena ao se alimentar	155
Atenção plena à respiração	157
Atenção plena ao corpo inteiro	159
Atenção plena aos sons, pensamentos e emoções	160
Atenção plena como pura consciência	163
Epílogo	165
Agradecimentos	167
Leituras recomendadas	168
O autor	173

Introdução

Bem-vindos à prática da atenção plena, também conhecida como *mindfulness*. Talvez você não tenha consciência disso, mas, se está entrando em contato com o cultivo sistemático da atenção plena pela primeira vez, pode estar no limiar de uma mudança sutil e, ao mesmo tempo, grandiosa, capaz de transformar a sua vida. Dito de outra forma, você vai descobrir que a prática da atenção plena pode lhe dar a sua vida de volta.

No entanto, se a atenção plena acabar mudando a sua vida de alguma forma profunda, não será por causa deste livro, embora ele possa ser útil e eu espere que seja. Qualquer transformação significativa acontecerá basicamente graças aos seus esforços – e talvez em parte graças aos impulsos misteriosos que nos atraem às coisas antes de sabermos ao certo o que são.

Atenção plena é consciência – cultivada através de um foco de atenção prolongado e específico, que é deliberado, voltado ao momento presente e livre de julgamentos. Trata-se de um dos vários tipos de meditação, se você considerar que meditação é qualquer forma de (1) sistematicamente regular nossa atenção e energia, (2) influenciando e possivelmente transformando a qualidade de nossa experiência, (3) a fim de realizar em sua plenitude a nossa humanidade e (4) os nossos relacionamentos com os outros e com o mundo.

Em última análise, vejo a atenção plena como um caso de amor: com a vida, com a realidade e a imaginação, com a beleza de seu próprio ser, com seu coração, seu corpo e sua mente. Com o mundo. Parece muita coisa. E é mesmo. Por isso é tão valioso experimentar sistematicamente o cultivo da atenção plena, e tão saudável adotar uma nova forma de se relacionar com o mundo.

Este livro começou como um programa de áudio da gravadora Sounds True, que as pessoas acharam bastante útil no decorrer dos anos. Esse programa continha algumas práticas de meditação guiadas – as mesmas que estão nos áudios disponíveis em www.sextante.com.br/atencaoplenaparainiciantes e estão descritas na Parte V. Como você vai descobrir, o poder transformador da meditação em geral e, particularmente, da atenção plena está em se dedicar à prática contínua.

Existem duas formas complementares de fazer isso: de maneira formal ou informal. Em termos formais, significa comprometer-se a reservar algum tempo diário para a prática – neste caso, com as meditações guiadas. Em termos informais, significa deixar a prática transbordar para todos os aspectos da sua vida de modo natural, sem forçar. Esses dois tipos de prática caminham lado a lado e se apoiam um no outro, para enfim se tornarem um todo contínuo, que chamamos de viver com consciência, ou estar desperto. Minha esperança é que você use as meditações guiadas regularmente como uma plataforma de lançamento para explorar tanto a prática formal quanto a informal e veja o que acontece nos próximos dias, semanas, meses e anos.

Como veremos, a própria intenção de praticar com regularidade e suavidade – quer você esteja com vontade ou não – é uma disciplina poderosa e terapêutica. Sem esse grau de motivação, especialmente no início, é difícil fazer a atenção plena criar raízes e ser mais que um mero conceito, por mais atraente que seja em termos filosóficos.

O primeiro CD do programa de áudio original descrevia a prática da atenção plena e explicava por que ela poderia ser valiosa. Aquele material formou a base deste livro, que agora vai bem além em termos de escopo, detalhes e profundidade. Mesmo assim, preservei mais ou menos a ordem original dos temas. Também conservei, em grande parte, os pronomes "eu", "você" e "nós" de propósito, na esperança de manter o tom de diálogo e questionamento.

Tanto no texto como nos áudios, trataremos o tema da atenção plena como se você nunca tivesse ouvido falar do assunto e não tivesse a menor ideia do que é ou da razão por que pode valer a pena integrá-la à sua vida. Vamos destacar, em primeiro lugar, os aspectos centrais da prática e as maneiras de cultivá-la em sua vida diária. Também abordaremos brevemente os benefícios que a atenção plena pode trazer na hora de enfrentar o estresse, a dor e doenças, além de mostrar como pessoas com problemas de saúde usam a meditação no contexto de programas de redução do estresse baseados na atenção plena (também conhecidos pela sigla em inglês MBSR – *mindfulness-based stress reduction*).

Vamos apresentar novas e empolgantes áreas de pesquisa científica que mostram que o treinamento em atenção plena parece mudar a estrutura e o funcionamento do cérebro de uma forma significativa. Também vamos examinar alguns de seus efeitos na maneira como nos relacionamos com nossos pensamentos e emoções, sobretudo as mais reativas.

Não vou me aprofundar em todos esses temas, pois sua elaboração e seu desenvolvimento são uma aventura permanente e o trabalho de uma vida inteira. Você pode considerar este livro a porta de entrada para algum edifício magnífico, como o Louvre, por exemplo. Só que o edifício é você: sua vida e seu potencial humano. Este é um convite para entrar e depois explorar, da sua própria maneira e em seu próprio ritmo, a riqueza e a profundidade do que está disponível para você – nesse caso, a consciência em todas as suas manifestações concretas e específicas.

Espero que este livro lhe ofereça a base conceitual adequada para que você possa entender por que faz tanto sentido se envolver de corpo e alma em algo tão conceitual. Muitas pessoas não compreendem o grande interesse que a prática da atenção plena vem atraindo, afirmando tratar-se de "muito barulho por nada". Com este livro, vamos experimentar em primeira mão esse "quase nada", que contém todo um universo de possibilidades para melhorar a sua vida.

Como prática, a atenção plena proporciona inúmeras oportunidades para você criar uma intimidade maior com a própria mente. Assim, será possível entrar em contato com seus recursos interiores e desenvolvê-los. Você será capaz de aprender, crescer, se curar e transformar sua compreensão de quem é e de como viver com mais sabedoria, bem-estar, sentido e felicidade.

Depois de estabelecer um ponto de partida sólido para a prática usando este livro e as meditações guiadas, você poderá ter acesso a recursos praticamente infinitos se quiser aprender ainda mais sobre a atenção plena. À medida que a sua prática amadurece e se aprofunda, pode ser útil entrar em contato com textos dos grandes mestres do passado e do presente. E participar de um retiro também pode ser um catalisador essencial para fortalecer sua prática. Isso é algo que recomendo fortemente.

Atenção plena para iniciantes pretende oferecer um acesso direto e fácil ao cerne da prática da atenção plena, inclusive a seu cultivo formal e à essência de sua aplicação à vida diária. Esses dois aspectos vão acabar fazendo parte de um trabalho permanente se você decidir dizer "sim" a este convite.

Os capítulos são intencionalmente breves e pretendem estimular a reflexão e encorajá-lo à prática. Com o tempo, à medida que a sua prática se enraizar e se aprofundar – o que vai ocorrer se você persistir –, minhas palavras poderão assumir diferentes sentidos para você. Assim como dois instantes nunca são iguais e duas respirações nunca são idênticas, cada vez que você refletir sobre um capítulo e aplicar seus conceitos ao laboratório de sua prática de meditação e da vida, é provável que ele toque você de forma diferente. Como virá a descobrir pela própria experiência, existe uma trajetória de aprofundamento na prática que vai conduzi-lo como um rio. Ao ser levado pela regularidade, com o tempo você vai descobrir uma conjunção interessante entre sua experiência e o que as palavras deste livro sugerem.

Ao iniciar seu treinamento, talvez você queira escolher uma das meditações guiadas e testá-la por alguns dias para ver como se sente e o que ela evoca em você. Não basta ouvi-la. O convite é para participar, para se entregar à prática de corpo e alma, momento a momento, da melhor forma possível. Você poderá então usar o texto para refinar a experiência, investigando e questionando sua compreensão do que realmente pretende ao fazer o esforço de direcionar sua atenção para aspectos da vida que costumamos rejeitar ou ignorar por completo.

Num sentido bem realista, você está embarcando numa aventura permanente de investigação e descoberta sobre a natureza da sua mente e do seu coração. Você vai descobrir como viver com mais presença, sinceridade e autenticidade – não apenas para melhorar a sua vida, mas também para aprimorar o relacionamento com seus entes queridos, com todos os seres e com o próprio mundo. Em todos os aspectos, o mundo pode ser o maior beneficiário de seu cuidado e sua atenção.

A escuta profunda é a essência da atenção plena – o cultivo da intimidade com o desenrolar de sua própria vida, como se realmente importasse. E importa. Mais do que você pensa.

Assim, ao embarcar nesta aventura, que sua prática cresça, floresça e nutra sua vida e seu trabalho, de momento a momento, dia após dia.

PARTE I
PONTO DE PARTIDA

Mente de iniciante

Costuma ser uma ocasião importante parar intencionalmente
toda a atividade voltada ao exterior e, como um mero
experimento, sentar ou deitar e se abrir para uma imobilidade
interior sem nenhuma outra intenção além de estar presente
para o desenrolar dos seus momentos – talvez
pela primeira vez na vida adulta.

•••

As pessoas que conheço que incorporaram a prática da atenção plena às suas vidas se lembram muito bem do que as atraiu inicialmente, recordando inclusive o tipo de sentimento e as circunstâncias que as levaram ao ponto de partida. Eu sem dúvida me lembro. O estado emocional do momento do início da prática – ou mesmo do momento em que você se dá conta de que quer se conectar consigo mesmo dessa forma – é rico e único para cada um de nós.

Suzuki Roshi, o mestre zen japonês que fundou o Centro Zen de São Francisco e tocou o coração de tantas pessoas, é famoso por haver declarado: "Na mente do iniciante há muitas possibilidades, mas na do especialista há poucas." Os iniciantes se entregam a novas experiências sem saber muita coisa e, portanto, com a mente aberta. Essa abertura é muito criativa. É uma característica inata da mente. O segredo está em nunca perdê-la. Para isso, você deveria permanecer no estado de deslumbramento com o momento presente, que é sempre novo. É claro que, de certa forma, você perderá a mente de iniciante quando deixar de sê-lo. Mas, se conseguir lembrar a todo tempo que cada momento é novo e diferente, talvez, apenas talvez, o que você já sabe não vá fazer com que se feche ao que não sabe – que é sempre um campo muito mais amplo. Portanto você pode ter acesso a uma mente de iniciante a qualquer momento, desde que esteja aberto a ela.

A respiração

Normalmente não damos valor à respiração,
a não ser quando estamos com um forte resfriado
ou não conseguimos respirar direito por um ou
outro motivo. Aí, de repente, a respiração pode se
tornar a única coisa que parece nos interessar.

•••

Mesmo que você não perceba, o fôlego está entrando e saindo do seu corpo o tempo todo. Sorvemos o ar a cada inspiração, devolvendo-o ao mundo a cada expiração. Nossa vida depende disso. Suzuki Roshi referiu-se a esse movimento repetitivo como uma "porta vaivém". E, como não podemos sair de casa sem essa atividade vital e misteriosa, nossa respiração pode servir como um primeiro objeto ao qual voltar a atenção para nos trazer de volta ao momento presente, porque sempre estamos respirando no agora – a última expiração acabou, a próxima inspiração ainda não chegou. Assim, para nossa atenção errante, a respiração é uma âncora ideal, capaz de nos manter no momento presente.

Esse é um dos motivos por que as sensações que a respiração produz no corpo costumam ser o primeiro objeto de atenção para iniciantes em muitas tradições meditativas. Mas prestar atenção nos efeitos da respiração sobre o corpo não é apenas para principiantes. Pode ser algo simples, mas o próprio Buda ensinou que a respiração contém em si tudo que você precisa para cultivar a plenitude de sua humanidade, especialmente sua sabedoria e sua compaixão.

A razão, como veremos em breve, é que prestar atenção na respiração não tem a ver exatamente com a respiração. Nenhum objeto a que voltamos a atenção é importante por si mesmo. Os objetos da atenção nos ajudam a estar presentes de forma mais estável. Assim podemos começar a perceber que o que importa de verdade é o próprio ato de estar presente. É a relação entre aquele que percebe (você) e o que é percebido (qualquer objeto de atenção). Esses dois elementos se juntam num todo contínuo e dinâmico na consciência, porque, fundamentalmente, nunca estiveram separados.

É a consciência que importa.

Quem está respirando?

É uma pretensão achar que *você* está respirando, ainda que digamos o tempo todo: "Eu estou respirando."

• • •

Claro que você está respirando.

Mas, verdade seja dita: se manter a respiração acontecendo dependesse de você, você já teria morrido faz tempo. Mais cedo ou mais tarde iria se distrair com isto ou aquilo... e, pimba!, estaria morto. Assim, em certo sentido, "você", seja lá quem for, está muito longe de ser o responsável pela respiração de seu corpo. O cérebro já está cuidando disso. O mesmo ocorre com os batimentos cardíacos e muitos outros aspectos essenciais de nossa biologia. Podemos até ter alguma influência em sua expressão, especialmente na respiração, mas não é justo dizer que estamos *realizando* a respiração. Trata-se de algo bem mais misterioso e assombroso do que isso.

Logo, essa constatação leva à questão de *quem* está respirando. Quem está começando a meditar e a cultivar a atenção plena? Quem está lendo estas palavras? Vamos encarar essas questões fundamentais com mente de iniciante para entender o que está realmente em jogo no cultivo da atenção plena.

O trabalho mais difícil do mundo

É justo apontar desde o princípio, para manter o compromisso
com a verdade, que o cultivo da atenção
plena pode ser o trabalho mais difícil do mundo.

•••

Ironicamente, o maior desafio que cada um de nós enfrenta como ser humano é realizar a plenitude de quem já somos. Ninguém além de nós pode assumir esse trabalho, que deve ser empreendido por decisão própria, em resposta a nossa vocação – e apenas se considerarmos importante viver uma vida autêntica.

O *trabalho* de cultivar a atenção plena também é um *jogo*. Trata-se de algo sério demais para ser levado muito a sério – e digo isso com toda a seriedade! –, pois envolve a nossa vida inteira. Faz sentido que a leveza e a diversão sejam elementos-chave na prática da atenção plena, pois são essenciais para o bem-estar.

Em última análise, a atenção plena pode se tornar natural, algo perfeitamente integrado a nossa vida, uma forma de expressão autêntica e plena do nosso próprio ser. No entanto, a trajetória de cada pessoa no cultivo dessa prática e os benefícios que pode alcançar são sempre únicos. O desafio é descobrir *quem* somos e viver da nossa própria maneira, de acordo com a vocação de cada um. Para isso é necessário prestar muita atenção em todos os aspectos da vida, à medida que se desenrolam no momento presente. Obviamente, ninguém pode fazer esse trabalho por você, assim como ninguém pode viver a sua vida em seu lugar.

O que eu disse até aqui pode não fazer muito sentido para você. Na verdade, isso tudo só vai fazer sentido quando você se comprometer com o cultivo formal e informal da atenção plena ao longo do tempo. Assim você poderá olhar e ver por si mesmo como as coisas são de verdade, por trás do véu das aparências e das histórias que somos tão hábeis em contar a nós mesmos.

Cuidando do momento presente

Na prática da atenção plena, cada um de nós traz
os próprios talentos para a aventura. Além disso,
não podemos deixar de usar e tomar como base tudo
o que veio antes em nossa vida, ainda que grande
parte nos cause dor – talvez até hoje.

• • •

Na prática da atenção plena, todo o nosso passado – qualquer que tenha sido e por mais dor e sofrimento que tenha envolvido – torna-se o ponto de partida para a tarefa de habitar o momento presente com consciência, equanimidade, clareza e cuidado. Você precisa do seu passado; ele é a argila na roda do oleiro. Não se deixar aprisionar no passado ou em nossos conceitos e ideias, reconquistando o único momento de que realmente dispomos – o agora – é trabalho de uma vida inteira. Cuidar do momento presente pode ter um efeito notável sobre o próximo momento e, portanto, sobre o futuro – seu e do mundo.

Se você puder estar plenamente atento a este momento, é possível que o seguinte seja imensa e criativamente diferente – porque você estará consciente, sem tentar impor suas expectativas de antemão.

Atenção plena é consciência

Como já sugeri na Introdução, minha definição de atenção plena é *um foco de atenção deliberadamente voltado ao momento presente e livre de julgamentos.*

...

Às vezes gosto de acrescentar a expressão "como se sua vida dependesse disso", porque na verdade ela depende mesmo.

Mas, em termos técnicos, atenção plena é *o que surge* quando você volta a atenção deliberadamente ao momento presente sem julgamentos e como se sua vida dependesse disso. E isso que emerge é nada menos que a própria consciência.

A consciência é uma habilidade com que já estamos intimamente familiarizados e que, ao mesmo tempo, nos é totalmente desconhecida. Portanto o desenvolvimento da atenção plena que estamos buscando aqui, na verdade, é o cultivo de um recurso que já possuímos. E isso não exige que você vá a algum lugar ou obtenha algo que não tem. Você só precisa aprender a habitar esse outro domínio da mente com que não costumamos estar em contato. Isso é o que poderíamos chamar de *modo Existente* (ou *being mode*) da mente.

Modo Atuante e modo Existente

Na maior parte da vida, estamos concentrados em
fazer algo: em tomar providências, passar rápido de uma
atividade à próxima ou realizar múltiplas tarefas – tentando
dar conta de várias coisas ao mesmo tempo.

• • •

Muitas vezes nossa vida se torna tão corrida que apenas passamos pelos momentos para chegar a outros, que acreditamos ser melhores, em algum ponto no futuro. Vivemos para riscar os itens da nossa lista de tarefas, cair na cama exaustos no fim do dia e saltar da cama na manhã seguinte, para então recomeçar o ciclo todo. Essa forma de viver, se é que se pode chamar assim, é agravada ainda mais pelas expectativas que criamos em relação a nós mesmos e aos outros – em grande parte por causa da crescente dependência da tecnologia digital e sua contribuição para acelerar cada vez mais nosso ritmo de vida.

Se não tomamos cuidado, fica fácil nos tornarmos mais um *fazer humano* do que um *ser humano* e esquecer *quem* está realizando a ação e por quê.

É aqui que a atenção plena entra em cena, nos lembrando de que é possível passar do *modo Atuante* para o *modo Existente* pela aplicação da atenção e da consciência. Aí então nosso fazer pode surgir a partir do nosso ser e se tornar algo muito mais integrado e eficaz. Além disso, deixamos de ficar exaustos quando aprendemos a habitar nosso corpo e o único momento em que estamos vivos – este aqui e agora.

Base científica

A atenção plena e sua utilização na área da saúde e do combate a doenças têm sido tema cada vez mais frequente de estudos e descobertas nas últimas quatro décadas, desde a fundação da Clínica de Redução do Estresse e do Programa de Redução do Estresse Baseado na Atenção Plena (MBSR) em 1979, no Centro Médico da Universidade de Massachusetts.

...

O treinamento em atenção plena na forma de MBSR e de intervenções relacionadas a essa terapia tem se revelado altamente eficaz em reduzir o estresse e problemas médicos ligados a esse quadro, como ansiedade, pânico e depressão. A atenção plena também se mostrou útil para ajudar os portadores de dor crônica a viver melhor, a melhorar a qualidade de vida de pessoas com câncer e esclerose múltipla e a reduzir as recaídas em pacientes com um histórico de depressão grave.

Essas são apenas algumas das muitas descobertas clínicas relatadas na literatura científica. O Programa de Redução do Estresse Baseado na Atenção Plena também se provou capaz de afetar de maneira positiva a forma como o cérebro processa emoções difíceis sob estresse, passando a ativar não as áreas do lado direito do córtex pré-frontal, mas as do esquerdo – na direção de um maior equilíbrio emocional. A MBSR também induz mudanças positivas no sistema imunológico – relacionadas com as mudanças que causa no cérebro.

Outros estudos revelaram que pessoas treinadas em MBSR apresentam boa ativação de redes no córtex cerebral que estão envolvidas na experiência direta do momento presente. Pessoas que não praticam a atenção plena mostram menor ativação nesses circuitos, enquanto as redes envolvidas na geração de *narrativas sobre* as experiências parecem mais ativas. Essas descobertas sugerem que a prática da atenção plena desenvolve novas formas de experimentarmos a nós mesmos e influencia a maneira como criamos histórias sobre as nossas vivências.

Agora está se tornando evidente que o treinamento em MBSR também resulta em mudanças estruturais no cérebro: o espessamento de certas regiões, como o hipocampo, que desempenha papéis importantes no aprendizado e na memória, e a redução de outras regiões, como a amígdala direita, uma estrutura do sistema límbico que regula nossas reações de medo frente a ameaças de qualquer tipo, o que inclui a frustração dos nossos desejos.

Existem muitas outras descobertas surpreendentes na pesquisa da atenção plena, e a cada dia novos estudos são divulgados na literatura científica.

A atenção plena é universal

A atenção plena costuma ser descrita como o aspecto
central da meditação budista. Apesar disso, o cultivo
da atenção plena não é uma atividade budista.

...

Em essência, a atenção plena é algo universal, por se tratar apenas de atenção e consciência – duas habilidades humanas inatas. Mesmo assim, é justo dizer que, historicamente, a articulação mais refinada da arte da atenção plena e de seu cultivo se origina na tradição budista. Por isso, textos e ensinamentos budistas são um valioso recurso para a compreensão e a apreciação da atenção plena e de suas sutilezas.

Como você deve ter percebido, com frequência menciono diferentes mestres e pontos de vista budistas – como Chan, Zen, Tibetano e Theravada. Cada uma dessas vertentes refinou a seu modo a forma de tratar a mobilização da atenção e da consciência. Além disso, essas tradições deram origem a uma grande variedade de práticas meditativas, que em última análise podem ser interpretadas como diferentes portas que vão dar no mesmo aposento.

É importante lembrar que o próprio Buda não era budista e que o termo "budismo" foi cunhado por acadêmicos europeus do século XVIII, principalmente jesuítas, com pouca compreensão do que representavam as estátuas de um homem sentado de pernas cruzadas encontradas em templos por toda a Ásia.

O despertar

Muitas pessoas não têm consciência disso, mas as estátuas do Buda que vemos por aí, assim como outros objetos de arte budistas, servem como representações de estados da mente, não de uma divindade.

• • •

O Buda simboliza a personificação do despertar. Em páli, a língua em que os ensinamentos budistas foram originalmente registrados, o título "o Buda" significa *aquele que despertou.*

Que despertou para quê? Para a natureza da realidade e para o potencial que cada um tem de se libertar do sofrimento através de uma abordagem prática e sistemática da vida.

A iluminação do Buda foi conquistada arduamente, como resultado de muitos anos dedicados a diferentes formas de práticas meditativas. Como acabamos de ver, as meditações são universais, assim como todas as grandes descobertas científicas – as leis da termodinâmica e a lei da gravidade. O Buda afirmou claramente que sua experiência e seu conhecimento se aplicam a qualquer ser humano e a qualquer mente humana, não apenas a budistas ou pessoas que praticam meditação budista, como alguns poderiam pensar. Se esse conhecimento não fosse universal, teria um valor bem limitado. Hoje, inclusive, é possível comprovar cientificamente algumas dessas informações.

De acordo com o estudioso do budismo Alan Wallace, o Buda poderia ser considerado um cientista genial que, dada a época em que viveu, não dispunha de outros instrumentos além do próprio corpo e da própria mente para testar suas hipóteses. Ele usou os recursos que tinha com grande habilidade para explorar as questões mais profundas que o interessavam: Qual é a natureza da mente? Qual é a natureza do sofrimento? É possível viver livre da servidão e do sofrimento?

Estabilizando e calibrando o seu instrumento

Para usar qualquer instrumento – seja um radiotelescópio, um espectrofotômetro ou uma balança de banheiro –, você precisa primeiro calibrá-lo e estabilizar a superfície em que ele está para poder obter leituras confiáveis.

•••

Algumas das práticas de meditação ensinadas pelo Buda servem para estabilizar e calibrar a mente de modo que ela possa ver de forma clara a realidade do que está observando. Se você tentar observar a Lua com um telescópio instalado sobre um colchão de água, já será bem difícil encontrá-la – quanto mais mantê-la em foco para poder estudá-la. Cada vez que você mudar de posição, ainda que bem pouquinho, perderá a Lua de vista completamente.

Com a mente acontece algo semelhante. Se você usá-la para se observar, se compreender e fazer amizade consigo mesmo, primeiro terá que aprender a estabilizá-la o suficiente para que seja possível sustentar a atenção de forma confiável e, assim, tomar consciência do que está ocorrendo sob a superfície de sua atividade.

No entanto, mesmo nossos maiores esforços podem ser facilmente frustrados pelas distrações. Nossa atenção não é muito estável e, em boa parte do tempo, se deixa levar para lá e para cá – como você vai perceber ao praticar as meditações guiadas. Por meio da prática constante ficaremos mais familiarizados com as idas e vindas da mente. E, com o tempo, a mente aprenderá a se estabilizar – ao menos até certo ponto.

Alcançar um pouquinho de estabilidade aliada à consciência já é um avanço significativo e transformador. Por isso é muito importante não criar idealizações nem imaginar que a sua mente vai ficar absolutamente estável, sem oscilar, para você "meditar direito". Isso pode até acontecer em raros momentos, sob circunstâncias específicas, mas na maior parte do tempo a natureza da mente é a oscilação. Ter consciência disso faz uma enorme diferença na forma como abordaremos a prática de meditação.

Habitar a consciência é a essência da prática

O desafio da atenção plena é estar presente em sua experiência *como ela é* em vez de imediatamente intervir para modificá-la ou tentar obrigá-la a ser diferente.

• • •

Qualquer que seja a qualidade de sua experiência num dado momento, o mais importante é ter consciência dela. Você consegue se abrir para a consciência do que está se desenrolando, seja agradável ou não, quer goste do que está acontecendo ou não? Você consegue repousar nessa consciência, ainda que por uma só respiração – ou mesmo somente uma inspiração – antes de reagir para tentar escapar ou tornar as coisas diferentes?

Habitar a consciência é a essência da prática da atenção plena, não importa qual seja a sua experiência. Isso pode ocorrer tanto na meditação formal quanto no dia a dia, pois a própria vida se torna uma prática de meditação quando aprendemos a fixar residência na consciência. Essa dimensão essencial de nosso ser já é nossa, mas estamos tão pouco familiarizados com ela que, com frequência, não conseguimos colocá-la em ação quando mais precisamos dela.

Quando, porém, trazemos uma disciplina suave e uma intencionalidade permanente à prática da meditação, a atenção plena passa a funcionar cada vez mais como nosso "estado geral padrão", por assim dizer, a condição básica à qual retornamos instintivamente quando perdemos o equilíbrio emocional por um instante. Nesse caso, ela é um recurso profundamente saudável e confiável para nos ajudar nos momentos desafiadores. Falaremos mais sobre isso adiante.

A beleza da disciplina

Como você sem dúvida percebeu, usei a palavra *disciplina* ao falar sobre o cultivo da atenção plena... e por um bom motivo.

•••

O cultivo da atenção plena de fato envolve e exige certa constância de motivação em face de todos os tipos de energia – algumas interiores, outras exteriores – que dissipam nossa consciência ao perpetuamente nos distrair e desviar de nossas intenções e de nosso propósito. A disciplina a que me refiro, na verdade, é a disposição para trazer o espaço e a clareza da consciência de volta, repetidas vezes, ao que está ocorrendo, mesmo que pareça que estamos sendo puxados em mil direções.

Apenas assumir essa postura em relação à nossa experiência, sem tentar consertar ou mudar absolutamente nada, é um ato de generosidade com nós mesmos, um ato de inteligência e um ato de bondade.

A palavra *disciplina* vem de *discípulo*, alguém que está em posição de aprender. Assim, quando trazemos certa disciplina ao cultivo da atenção plena e estamos conscientes de que é desafiador sustentar uma atenção constante em relação a qualquer aspecto de nossa vida, na realidade criamos as condições necessárias para aprendermos algo fundamental. Nesse momento, a vida se torna a prática e a mestra de meditação, e o que quer que aconteça em qualquer momento é simplesmente *o ensinamento* daquele momento.

O verdadeiro desafio é: como vamos nos relacionar com o que está acontecendo? É aqui que a liberdade deve ser encontrada. É aqui que um momento de felicidade genuína pode ser experimentado, um momento de equanimidade, um momento de paz. Cada momento é uma oportunidade de percebermos que não precisamos sucumbir aos velhos hábitos que funcionam abaixo do nível de nossa consciência. Com intencionalidade e determinação, podemos experimentar a não distração. Podemos experimentar a não digressão. Podemos experimentar não tentar consertar nada. Podemos experimentar o não fazer.

Se estivermos dispostos a enfrentar nossos velhos hábitos dessa maneira, sem transformar a não distração e o não fazer em ideais inalcançáveis, e se pudermos trazer suavidade e delicadeza ao processo quantas vezes forem necessárias, ainda que pelos mais breves momentos, então poderemos experimentar uma possibilidade muito real de estar em casa e em paz com as coisas exatamente como são, sem tentar mudar ou corrigir nada.

Quando se chega a esse ponto, essa orientação constitui não apenas uma disciplina suave e terapêutica. Trata-se de um ato de amor e de sanidade.

Ajustando seu estado geral padrão

O que está se desenrolando quando nada de importante
está acontecendo com você?

•••

Eu o encorajo a verificar por si mesmo o que ocorre nesses momentos. Normalmente, a maioria de nós está pensando. O que está acontecendo é o pensamento, que assume várias formas diferentes.

O pensamento, em vez da consciência, parece constituir nosso "estado geral padrão".

É bom observar esse fato, porque assim podemos deixar de voltar automaticamente ao pensamento repetitivo e permanecer no modo mental que nos coloca numa posição bem melhor – a própria consciência. Talvez com o tempo seja possível que nosso estado geral padrão seja marcado por uma maior atenção e não pela desatenção e pelo hábito de nos perder nos pensamentos.

Assim que você se sentar ou se deitar para meditar, a primeira coisa que vai notar é que a mente tem vida própria. Ela não para: pensando, ruminando, fantasiando, planejando, nutrindo expectativas, preocupando-se, gostando, não gostando, lembrando, esquecendo, avaliando, reagindo, contando histórias a si mesma – um fluxo aparentemente incessante de atividade que você talvez não tenha enxergado dessa forma até resolver não fazer nada por alguns momentos e apenas ser.

Além disso, agora que você tomou a decisão de cultivar a atenção plena, sua mente corre o risco de se encher com uma nova série de ideias e opiniões: sobre meditação, sobre atenção plena, sobre seu desempenho.

É um pouco como os comentários esportivos na televisão. Existe o que realmente está acontecendo no jogo e existem os comentários. Quando você começa uma prática de meditação formal, é quase inevitável lidar com os comentários sobre a meditação. Eles podem preencher o espaço da mente. No entanto, eles não são a meditação, assim como a narração jogada a jogada não é a própria partida.

Às vezes desligar o som da televisão pode nos ajudar a ver o jogo como realmente é e a assimilá-lo de uma forma totalmente diferente e direta – uma experiência em primeira mão, em primeira pessoa –, não filtrada pela mente de alguém. No caso da meditação ocorre o mesmo, exceto que são seus próprios pensamentos os responsáveis pelos comentários da transmissão, transformando uma experiência direta do momento numa história de segunda mão sobre ele: se está difícil, se está bom, e assim por diante.

Em algumas ocasiões, seus pensamentos podem lhe dizer que a meditação está chata, que você foi um tolo por pensar que essa abordagem de fazer nada pudesse ter algum valor, já que parece trazer uma boa dose de desconforto, tensão, tédio e impaciência. Você pode questionar a utilidade de tomar consciência, querendo saber, por exemplo, como a consciência de seu desconforto pode "libertá-lo", reduzir seu estresse e sua ansiedade. Tudo pode parecer apenas perda de tempo e um tédio sem fim.

É isso que o fluxo de pensamentos faz e é precisamente por essa razão que precisamos usar a observação cuidadosa para nos tornarmos íntimos da mente. Do contrário, o pensamento domina a nossa vida, colorindo tudo que sentimos e fazemos. E você não é especial nesse aspecto. Todo mundo lida com o mesmo fluxo de pensamentos 24 horas por dia, sete dias por semana, em geral sem se dar conta disso.

Consciência: o único recurso capaz de equilibrar o pensamento

> Em geral, nossos pais e professores nunca nos disseram nem sugeriram, ao longo de nossa trajetória educacional, que ter *consciência do pensamento* talvez pudesse nos proporcionar certo equilíbrio e o distanciamento necessário para impedir que nossos pensamentos dominassem a nossa vida.

•••

Vamos refletir por um momento.

Não é verdade que sempre fomos instruídos a pensar de forma "correta", a pensar criticamente? Não é para isso que a escola existe? Lembro-me claramente de perguntar a meus professores, quando tinha que aprender algo que não queria ou de que não gostava: "Por que temos que aprender isso?" Em geral, quando o professor não se zangava e levava a minha pergunta a sério, a resposta era que o assunto nos ajudaria a desenvolver o pensamento crítico e a capacidade de falar e raciocinar com mais clareza e ponderação.

E isso é verdade. Com certeza precisamos de uma base de pensamento crítico e de raciocínio analítico e dedutivo para entender o mundo sem ficarmos totalmente perdidos. Por isso o pensamento – preciso, aguçado, crítico – é um recurso de extrema importância que deve ser desenvolvido, refinado e aprofundado. Mas não é o único. Existe outro, igualmente importante, que, apesar de ser tão útil quanto o pensamento, quase nunca é objeto de atenção nem de treinamento sistemático no colégio: a faculdade da consciência. Trata-se, inclusive, de algo comprovadamente mais poderoso, já que somos capazes de ter consciência de qualquer pensamento, por mais profundo que ele seja.

É possível treinar a atenção e a consciência

Provavelmente o maior desejo dos professores
é prender a atenção dos alunos.

• • •

Mas isso é algo difícil de se alcançar, a não ser que o professor consiga fazer com que a matéria ganhe vida, tornando-a instigante e relevante numa atmosfera de segurança, inclusão e pertencimento na sala de aula. Não adianta gritar pedindo atenção quando as crianças estão fazendo bagunça. Mas pode ajudar muito – na verdade, pode ser uma dádiva preciosa – ensinar aos alunos *como* prestar atenção, transformando o próprio processo numa aventura.

A atenção é um recurso que pode ser desenvolvido e é passível de refinamento constante. William James, o pai da psicologia norte-americana, sabia bem que a atenção e a consciência que resulta dela são um portal para o verdadeiro aprendizado – são dádivas de uma vida inteira que vão se aprofundando com o uso. A capacidade de permanecer consciente, sem distrações, além de simplesmente equilibrar o poder do pensamento e lhe trazer uma perspectiva de maior sabedoria, também pode dar origem a uma espécie totalmente *diferente* de pensamento.

Pode ser que pesquisas futuras venham a mostrar que o treinamento da atenção plena aumenta a criatividade, liberando a mente para produzir pensamentos menos condicionados e associações mais livres e imaginativas.

Não há nada de errado em pensar

Quando falamos sobre o valor de cultivar e refinar a
capacidade de atenção e a consciência para equilibrar o
processo de pensamento, é importante enfatizar que
não há nada de errado em pensar.

•••

A capacidade de pensamento é uma das qualidades mais incríveis da humanidade. Pense nos grandes feitos da ciência, da matemática e da filosofia. São todos exemplos do florescimento do pensamento, assim como a poesia, a literatura, a música e todas as grandes obras da cultura humana. Tudo isso vem da nossa mente – e, em grande parte, de nossa capacidade de pensar.

Mas, quando não observamos os pensamentos nem os examinamos no campo maior da consciência, eles podem fugir ao controle. Combinados com nossos estados emocionais aflitivos e inconscientes, nossos pensamentos podem acabar causando grande sofrimento... para nós, para os outros e, às vezes, para o mundo.

Fazendo amizade com o pensamento

Como iniciante, é muito importante que você entenda desde o começo que a meditação consiste em *fazer amizade* com seu pensamento, mantê-lo delicadamente na consciência, não importa o que esteja ocupando a sua mente num dado momento. Não se trata de interromper seus pensamentos nem de mudá-los.

•••

Meditação não significa sugerir que seria melhor não pensar e simplesmente suprimir todos os pensamentos, sejam eles rebeldes, perturbadores e inquietantes ou edificantes e criativos.

Se você tentar suprimir o pensamento, vai acabar com uma baita dor de cabeça. Tentar algo assim é insensato, pura tolice – é como tentar impedir as ondas do oceano. É da própria natureza do oceano que sua superfície mude como resultado das condições atmosféricas. Às vezes, na ausência de correntes e de vento, a superfície do mar pode parecer um espelho, completamente lisa e calma. Mas, em geral, há ondulações. Em meio a uma tempestade, um tufão ou furacão, o oceano pode ficar ferozmente turbulento. Pode parecer nem haver mais superfície. Mas, mesmo em meio à ressaca mais feroz, se você mergulhar cerca de 10 ou 12 metros, não encontrará turbulência alguma... apenas suaves ondulações.

Com a mente acontece algo semelhante. Sua superfície pode ser extremamente instável, mudando constantemente de acordo com os "padrões climáticos" da nossa vida – emoções, estados de espírito, pensamentos, experiências –, em geral sem nos darmos conta disso. Podemos nos sentir vítimas dos nossos pensamentos ou cegados por eles. É fácil acreditar equivocadamente que eles representam a verdade ou a realidade, quando não passam de ondas na superfície, por mais turbulentas que sejam.

Por outro lado, a totalidade da mente, por sua própria natureza, é profunda, vasta, intrinsecamente calma e tranquila, como as profundezas do oceano.

Metáforas da mente

O oceano não é a única metáfora para a mente nem as ondas são a única metáfora para os pensamentos. Existem muitas imagens úteis que podem oferecer ângulos novos e abordagens originais para lidarmos de maneira atenta com os pensamentos e os processos mentais.

• • •

Por exemplo, pensamentos podem ser comparados com as bolhas numa panela de água fervente: formam-se no fundo, sobem à superfície e se dissipam no ar. Ou você pode imaginar a energia da mente pensante como o fluxo da água em um riacho ou um grande rio. Podemos ser capturados e levados pela correnteza ou podemos sentar na margem e apreciar seus diferentes padrões – os redemoinhos, sempre mudando de forma, os sons da água. Às vezes a torrente de pensamentos parece uma cachoeira. Podemos extrair algum prazer dessa imagem e nos visualizar sentados atrás da queda-d'água, em uma pequena cova ou depressão na rocha, conscientes dos sons sempre mutáveis, surpresos com o rugir sem fim, repousando na atemporalidade da mente por um momento.

Os tibetanos às vezes descrevem o ato de pensar como *escrever na água*, pois os pensamentos são em essência vazios, insubstanciais e transitórios. Adoro isso. Mensagens de fumaça no céu também são uma boa imagem. Outra metáfora adorável são as bolhas de sabão. Em todas essas imagens, o pensamento pode ser visto como algo que surge de maneira autônoma e estoura como uma bolhinha de sabão ao ser tocado – em nosso caso, ao ser "tocado" pela própria consciência. Em outras palavras: quando é reconhecido como um simples pensamento, como algo que surge, perdura por um tempo e desaparece no campo ilimitado e atemporal da consciência.

Vemos que os pensamentos, quando são trazidos à consciência e permanecemos atentos a eles, perdem seu poder de dominar e ditar nossas reações à vida, não importa quais sejam seu teor ou sua carga emocional. Eles então deixam de nos aprisionar e se tornam manejáveis. Assim, ao conhecer e reconhecer os pensamentos como meros acontecimentos no campo da consciência, ficamos um pouco mais livres. Eles se tornam manejáveis sem que precisemos fazer qualquer esforço – é a consciência que faz todo o trabalho e nos liberta.

Não leve os pensamentos para o lado pessoal

Um grande passo rumo à retomada do controle de nossa
vida é percebermos que não precisamos levar os
pensamentos para o lado pessoal, não importando
se o conteúdo deles é bom, ruim ou feio.

• • •

Não temos que acreditar neles. Não precisamos sequer considerá-los "nossos". Podemos reconhecê-los simplesmente como pensamentos, como *acontecimentos no campo da consciência* que surgem e desaparecem rapidamente, que às vezes carregam novas percepções e, outras vezes, uma enorme carga emocional, e que podem afetar nossa vida para o bem ou para o mal, *dependendo de nosso relacionamento com eles.*

Quando não os levamos automaticamente para o lado pessoal nem acreditamos nas histórias sobre a "realidade" que construímos a partir deles, quando conseguimos simplesmente mantê-los na consciência, com curiosidade e espanto diante de seu incrível poder, dada sua insubstancialidade, suas limitações e imprecisões, temos a chance de não sermos capturados em seus padrões habituais, de vê-los como realmente são – acontecimentos impessoais – e de sermos o saber que a consciência já é.

Então, nesse momento ao menos, já estamos livres, prontos para agir com maior clareza e bondade dentro do campo em constante mudança dos acontecimentos, que nada mais é que a vida se desenrolando – nem sempre como achamos que deveria, mas, definitivamente, como ela é.

Egocentrismo

Quaisquer que sejam as metáforas e imagens que utilizamos para descrever a natureza da mente e de nosso relacionamento com pensamentos e emoções na meditação e na vida diária, é importante reconhecer que elas também são pensamentos.

• • •

Se cairmos no fluxo de pensamentos e nos deixarmos envolver por eles, especialmente se nos identificarmos com eles – dizendo a nós mesmos coisas como "isto sou eu" ou "isto não sou eu" –, então *realmente* fomos capturados. Porque é aí que surge o apego supremo, com a identificação de circunstâncias, condições ou coisas com os pronomes pessoais "eu", "mim" e "meu". Às vezes chamamos esse hábito de autoidentificação de *egocentrismo*, a tendência de nos colocarmos no centro absoluto do universo.

Como veremos, pode ser muito útil prestar atenção em quanto tempo nos envolvemos nessa identificação e, sem procurar consertá-la ou mudá-la, simplesmente permanecer conscientes desse forte hábito mental.

Nosso caso de amor com os pronomes pessoais *eu, mim* e *meu*

O Buda transmitiu seus ensinamentos durante 45 anos. Dizem que todas as suas lições podem ser condensadas em uma só frase: "Não devemos nos agarrar a nada como *eu, mim* ou *meu*."

...

Vamos refletir sobre o que o Buda queria dizer ao usar o verbo "agarrar". "Não devemos nos agarrar a nada como *eu, mim* ou *meu*" não significa que "você" não existe. Não se está insinuando que talvez você precise contratar alguém para vestir as suas calças de manhã porque não existe "você" para fazê-lo. Tampouco significa que você deva doar todo o dinheiro da sua conta bancária por não ser seu e, em última instância, nem existir um "banco" de verdade. Significa que *agarrar-se é opcional*, que podemos reconhecer esse hábito quando ele surge e optar por não alimentá-lo. Significa que o egocentrismo é uma parte importante de nosso estado geral padrão, aquele modo mental a que voltamos constantemente quando estamos inconscientes ou no piloto automático do modo *Atuante*. Significa que a forma como nos relacionamos com todos os momentos e todas as experiências é uma escolha. Significa que podemos escolher reconhecer, a cada momento, quanto nos *agarramos* a *eu, mim* e *meu*, quão autocentrados podemos ser, e decidir não fazê-lo – ou, o que é mais razoável, nos flagrar quando o fazemos. A frase quer dizer que não precisamos recair nos hábitos de autoidentificação e egocentrismo de forma automática, sem tomar consciência disso. E, se estivermos abertos a nos vermos de forma renovada, poderemos prontamente perceber que esses hábitos de pensamento na verdade distorcem a realidade, criando ilusões e delírios e, em última análise, nos aprisionando.

Assim, quando você se ouvir usando demais as palavras *eu*, *mim* e *meu*, talvez isso possa servir como um sinal para que reflita tranquilamente sobre aonde esse hábito o está conduzindo e se está lhe fazendo bem.

A consciência é um vasto reservatório

> Ficamos tão condicionados por nossos padrões
> de pensamento que já nem os reconhecemos
> mais como pensamentos.

•••

Não é verdade que tendemos a experimentar nossos sentimentos e pensamentos como fatos, como a realidade absoluta das coisas, mesmo quando sabemos, lá no fundo, que não é bem o caso? Claro que sim, mas não sabemos o que fazer com essa sensação incômoda à espreita nas sombras da consciência. Em parte, por ser um pouco assustadora – ou bem mais que isso.

Mas, como já vimos, não costumamos receber orientações nem um treinamento sistemático sobre a importância de percebermos nossa consciência como algo diferente e maior que pensamentos e emoções – ainda que seja óbvio que a consciência é um vasto reservatório, capaz de abarcar qualquer pensamento e qualquer emoção sem ser capturada por eles de forma alguma. Nascemos com esse recurso que chamamos de consciência, assim como com as incríveis habilidades de ver, pensar e sentir. Contudo, trata-se de uma faculdade profundamente subdesenvolvida.

Quando foi a última vez que você teve uma só aula sobre o cultivo da consciência, ao longo de toda a sua formação acadêmica? Espantosamente, isso não faz parte do currículo do ensino fundamental, médio ou mesmo superior – ao menos até recentemente. Mas agora a situação vem mudando à medida que a atenção plena vem sendo incorporada, de muitas formas diferentes, à formação educacional e ao ensino em todas as idades.

Os objetos da atenção não são tão importantes quanto a própria atenção

Como a atenção plena é o cultivo da consciência através da
aplicação cuidadosa, sistemática e disciplinada da atenção,
de início pode parecer que o mais importante é
aquilo em que estamos prestando atenção –
ou seja, os *objetos* da atenção.

•••

Esses objetos da atenção podem ser qualquer coisa no campo da nossa experiência: aquilo que percebemos através da visão, da audição, do olfato, do paladar e do tato, além de nossas sensações em qualquer momento. Isso porque, no início da prática de meditação, precisamos encontrar *algo* em que nos concentrar e prestar atenção – seja a sensação da respiração acontecendo em nosso corpo, dos sons chegando aos nossos ouvidos, ou qualquer outra coisa que possamos perceber ou apreender no momento presente. Mais tarde, podemos vir a perceber que é possível nos concentrarmos na própria consciência e ter consciência da consciência sem ter que escolher um objeto específico para o qual voltar a atenção. Vamos explorar isso no último áudio de meditação guiada.

Mas é essencial que você saiba, desde o princípio, que a respiração, os sons ou mesmo nossos pensamentos não são o mais importante quando eles são o foco de nossa atenção.

O aspecto mais importante – mas que costuma passar despercebido por não ser valorizado nem parecer fazer parte da experiência – é a consciência, que sente e sabe que a respiração está acontecendo neste momento, que a audição está acontecendo neste momento, que os pensamentos estão passando pelo céu da mente neste momento. É a consciência que tem o papel principal, não importa em quais objetos estejamos prestando atenção.

E essa consciência já é nossa. Ela já está disponível, já é completa, já é capaz de abarcar e conhecer (de forma não conceitual) todos os aspectos da nossa experiência interior e exterior, independentemente de quão grandes, triviais ou importantes pareçam. Essa é a função da consciência. E você já a possui! Ou talvez seja mais exato dizer: isso é o que você já *é*.

PARTE II
CONSTÂNCIA

O Programa de Redução do Estresse Baseado na Atenção Plena

Desde 1979, eu e meus colegas da Clínica de Redução do Estresse do Centro Médico da Universidade de Massachusetts oferecemos, em paralelo a tratamentos convencionais, um treinamento em atenção plena na forma do Programa de Redução do Estresse Baseado na Atenção Plena (MBSR) para pessoas que sofrem de estresse, dor crônica e outras doenças e que não estão plenamente satisfeitas com a assistência e os cuidados médicos que vêm recebendo. Às vezes elas se sentem ignoradas pela medicina convencional. Hoje, mais de trinta anos depois, a situação do sistema de saúde piorou ainda mais no mundo inteiro.

...

Existe pouca discussão sobre em que consiste o cuidado à saúde, como mantê-la e recuperá-la, ou o que exatamente significa ser saudável.

Nessas circunstâncias, é sensato assumir a responsabilidade pela nossa saúde e pelo nosso bem-estar. Na verdade, esse envolvimento pessoal é um elemento essencial da nova visão da medicina e da assistência médica, um modelo bem mais participativo em que o paciente desempenha um papel colaborativo importante, mobilizando os próprios recursos para alcançar a cura na medida do possível.

A ideia por trás da MBSR é convidar as pessoas a verem se há algo que podem fazer por si mesmas – como um complemento essencial à contribuição de médicos, cirurgiões e do sistema de saúde como um todo – para alcançarem um nível maior de saúde e bem-estar ao longo da vida, tomando como ponto de partida a situação em que se encontram hoje.

Falo em "saúde e bem-estar" em seu significado mais profundo e amplo. Em última análise, trata-se não apenas da saúde do corpo, mas também do bem-estar e do funcionamento mental, emocional e físico ideais que você pode desenvolver através da exploração sistemática e disciplinada da verdadeira extensão de sua humanidade. Para isso é necessário conhecer sua mente e seu corpo de forma mais íntima, pois esses dois aspectos não estão fundamentalmente separados. É necessário um cultivo diligente de suas capacidades biológicas e psicológicas intrínsecas de bem-estar e sabedoria, inclusive da compaixão e da bondade que residem dentro de todos nós.

Um fenômeno mundial

O Programa de Redução do Estresse Baseado na Atenção Plena já se disseminou por clínicas, centros médicos e hospitais nos Estados Unidos e ao redor do mundo. As meditações guiadas em áudio que acompanham este livro (disponíveis em www.sextante.com.br/atencaoplenaparainiciantes) se assemelham, em alguns aspectos, àquelas que meus colegas e eu usamos com os pacientes do programa MBSR na Clínica de Redução do Estresse.

• • •

Mas isso não significa que essa abordagem só sirva para pessoas sofrendo de doenças, dor crônica ou estresse. Por ser universal, essa prática é aplicável a qualquer um que esteja motivado a otimizar sua qualidade de vida.

Como já vimos, o objeto da meditação consiste totalmente na consciência: seu caráter, sua estabilidade, sua confiabilidade e sua capacidade de nos libertar de nossos hábitos de autodepreciação e nosso costume de ignorar o que é mais importante na vida. A atenção plena desenvolve a atenção pura, o discernimento, a visão clara e, portanto, a sabedoria – ou seja, a habilidade de conhecer a realidade objetiva das coisas para além das nossas percepções equivocadas. E todos nós temos que lidar com muitas percepções equivocadas acerca da realidade, pois é muito fácil nos deixarmos capturar em nossos próprios sistemas de crenças, ideias, opiniões e preconceitos. Nossas suposições formam um tipo de véu, um nevoeiro, que muitas vezes nos impede de ver o que está bem diante dos nossos olhos e de agir de acordo com o que consideramos mais importante e mais valorizamos. Pode haver momentos em que nossos familiares tentem nos mostrar – por amor ou por desespero – quanto sofrimento desnecessário estamos gerando ao nos recusarmos a enxergar as coisas como realmente são, ou que estamos levando tudo para o lado pessoal de tal forma que acabamos distorcendo as coisas.

Mas, mesmo em circunstâncias como essas, é extremamente difícil nos convencer. Em geral não ouvimos ou não acreditamos, de tão enredados que estamos em nossa ilusão e em nosso hábito de nos distrairmos de nós mesmos.

Uma atenção afetuosa

Apesar de a atenção plena ter como foco o cultivo da pura atenção, do discernimento, da visão clara e da sabedoria, é importante trazer um toque de *afeto* à prática – uma abertura a qualquer coisa que possa surgir, além de certo grau de gentileza e de boa vontade para estender nossa compaixão intrínseca ao contato com nós mesmos.

•••

Mais uma vez, isso não é algo que temos de nos esforçar para alcançar. Pelo contrário, trata-se de uma parte de quem já somos. Tudo o que precisamos fazer é trazer essa percepção à mente de tempos em tempos, para que ela venha para o primeiro plano da consciência a qualquer momento.

A atenção plena de todos os sentidos

Quando falo em *visão clara*, pode parecer que
estou privilegiando um sentido específico. Mas "visão",
aqui, representa todos os sentidos, porque somente através
deles podemos estar conscientes e, portanto, vir a
conhecer o que quer que seja.

∙ ∙ ∙

Na perspectiva meditativa – especialmente no budismo –, existe o reconhecimento de que há mais do que cinco sentidos. Isso também se verifica na perspectiva da neurociência. O budismo explicitamente inclui a mente como um sexto sentido. E por "mente" os budistas não estão se referindo ao pensamento, mas à consciência, aquela capacidade da mente que conhece de maneira não conceitual.

Por exemplo, você *sabe* onde está neste momento. Você não precisa pensar a respeito. Ao menos na maior parte do tempo você simplesmente sabe onde está e sabe o que veio antes. Em outras palavras: você tem um senso de orientação no tempo. Você também tem um senso de orientação no espaço. Não pensamos nisso, porém existem várias coisas que consideramos triviais, mas na verdade conhecemos de forma bem profunda. Quando falamos da mente como um sexto sentido, estamos nos referindo àquela faculdade ciente e não conceitual do conhecimento – a própria consciência.

Nesse sentido, visão clara também significa audição clara, olfato claro, paladar claro, tato claro e conhecimento claro – o que inclui saber o que está na sua mente e, portanto, o que você está pensando e quais emoções está experimentando. Trata-se, portanto, de *sentir o que você está sentindo, tomando o corpo como base* – seja medo, raiva, tristeza, frustração, irritação, impaciência, aborrecimento, satisfação, empatia, compaixão, felicidade ou qualquer outra coisa.

Desse modo, toda e qualquer coisa pode se tornar o nosso mestre do momento, que nos lembra da possibilidade de estarmos plenamente presentes: a carícia suave do ar na pele, o jogo de luz, a aparência no rosto de alguém, uma contração passageira no corpo, um pensamento fugaz na mente. Qualquer coisa. Tudo. Se for percebido na consciência.

Propriocepção e interocepção

Hoje a ciência também reconhece que os seres humanos têm mais do que cinco sentidos, que somos dotados de habilidades sensoriais adicionais fundamentais à nossa vida e ao nosso bem-estar.

• • •

Uma delas é chamada *propriocepção*. "*Proprio*" significa "eu". Propriocepção é a sensação de saber e sentir a posição do corpo no espaço quer quando estamos parados, quer quando estamos em movimento. Muito raramente, a propriocepção pode se perder devido a danos neurológicos. Sem esse sentido, a sensação do interior do corpo se perde. O corpo simplesmente não funciona mais como antes. O neurologista Oliver Sacks descreveu as consequências da perda da propriocepção em uma mulher que tivera uma reação adversa a uma droga. Embora ela parecesse normal, não tinha mais a sensação da presença do corpo e só conseguia mover o braço para se alimentar se pudesse vê-lo. Toda a fluidez do movimento desapareceu. Sua perda foi impressionante em vários níveis. A mera possibilidade de perder algo que não valorizamos e nem sequer notamos pode nos fazer perceber quão pouca atenção damos a esse sentido essencial do corpo, do qual nossa vida depende.

Além da propriocepção, existe outro sentido normalmente desconhecido chamado *interocepção*. É o que nos faz saber como o corpo está se sentindo por dentro. Não é algo em que precisamos pensar, mas uma experiência direta. É uma *sensação* interior corporificada, um sentido. Alguém lhe pergunta como você está se sentindo e você responde "Bem". Como você sabe que está bem? Interocepção.

Nas práticas de meditação, grande parte da atenção se baseia na sensação do corpo como um todo – tanto ao meditarmos sentados como ao meditarmos em movimento. Podemos aprender a "habitar" o corpo com consciência plena e sustentar essa "presença" corporificada ao longo do tempo.

A unidade da consciência

Com todos os diferentes sentidos que temos à nossa disposição, há muito de que estar consciente quando se trata de nossa experiência a qualquer momento.

• • •

Isso inclui nossa experiência exterior do mundo e nossa experiência interior do ser, abrangendo o corpo e todas as suas impressões sensoriais, assim como pensamentos e emoções. Como a consciência consegue abarcar tudo isso – tanto a paisagem interior quanto a exterior de nossa experiência –, não existe separação fundamental entre interior e exterior, entre o conhecedor e o que é conhecido, entre sujeito e objeto, entre ser e fazer. Parece que só há ser.

E parece *mesmo* haver uma separação. Essa separação aparente pode ser um aspecto dominante de nossa experiência que simplesmente não questionamos. Ela pode obscurecer a unidade subjacente da consciência, em que só há visão, audição, olfato, paladar, tato, sentimento, conhecimento ou, você poderia dizer, um permanente "tomar consciência" e nenhum "eu" imutável, centralizado, experimentando tudo isso. Assim, não há separação entre sujeito ("aquele que vê") e objeto ("o que é visto"), embora pareça haver – e, num sentido convencional, é "você" quem está ouvindo, vendo, cheirando, provando e conhecendo. Mas quem é você? Você consegue sentir o mistério dessa pergunta? E seu valor potencial? Adiante voltaremos a essa questão.

O saber é consciência

Pense nisto por um momento. "Simplesmente ver" inclui o milagre de ser capaz de ver e de saber, de forma instantânea, que você está vendo. "Simplesmente ouvir" inclui o saber de que você está ouvindo. O saber é consciência e está disponível antes de o pensamento entrar em ação. No entanto, pode também abarcar todo e qualquer pensamento que entre em cena no ato da visão, da audição ou de qualquer outro aspecto da experiência.

...

Como vimos no capítulo anterior, às vezes, em vez de falar apenas em *consciência*, uso a expressão "tomar consciência". Existe um tom especial nessa maneira de dizer que transmite um sentimento importante para o cultivo da atenção plena. A consciência deixa de ser algo estático, um estado desejável a ser alcançado, tornando-se algo dinâmico que sugere um processo em vez de um resultado final – uma dinâmica de fundamental importância para a aventura da reflexão sobre quem nós somos como seres humanos. Assim, nos referimos à capacidade de estarmos conscientes, presentes, atentos e vivermos de forma mais eficaz neste mundo estressante, desordenado, caótico, doente e até trágico – e que ao mesmo tempo é bonito de infinitas maneiras.

Essa beleza envolve todos os habitantes deste mundo, todas as criaturas, inclusive nós. Inclusive você.

A própria vida torna-se a prática de meditação

Uma ironia intrínseca dessa perspectiva sobre a centralidade e a unidade da consciência – especialmente quando as pessoas procuram a MBSR após um diagnóstico médico, com a sensação de que há algo de errado com elas que precisa ser corrigido – é que, em nossa maneira de ver, elas e nós já somos plenos, mesmo quando temos algum tipo de problema ou doença. Por isso dizemos a essas pessoas que, da nossa perspectiva, enquanto estiverem respirando, existem mais coisas dando certo do que errado com elas, não importa o que esteja errado.

• • •

Junto àqueles que participam do Programa de Redução do Estresse Baseado na Atenção Plena, nós sistematicamente trabalhamos com a energia na forma da atenção e da consciência naquilo que já está certo conosco. Não estamos ignorando o que está errado, apenas deixando que o resto da equipe médica cuide desse aspecto enquanto nós voltamos a atenção para esses outros elementos mais básicos da experiência – que em geral não valorizamos. Antes de tudo, temos um corpo. Estamos respirando, podemos sentir o mundo de várias maneiras, a mente continua gerando pensamentos e emoções aparentemente sem parar, temos a capacidade de ser bondosos em relação a nós e aos outros, somos pacientes e confiáveis. Quando trazemos essas dimensões de nosso ser à consciência, a própria vida se torna a prática de meditação.

Você já encontrou o seu lugar

Ao realizar essa prática com um grupo de pessoas semelhantes a você, como em cursos de MBSR no hospital, ela se torna ainda mais poderosa porque é possível encontrar inspiração e motivação na força, na tenacidade e nas percepções dos outros participantes, muitas vezes manifestadas em face de circunstâncias da vida e dificuldades inimagináveis.

•••

E, ainda que você esteja sozinho, acaba que nunca está mesmo sozinho, porque esse tipo de inspiração está por toda parte se você começar a olhar à sua volta.

Além disso, ao meditar em casa, você pode obter conforto e inspiração no fato de que existem literalmente milhões de outras pessoas meditando nesse mesmo momento. Você é pleno e também parte de círculos maiores e maiores de plenitude que talvez nem conheça. Você nunca está sozinho. Você já encontrou o seu lugar.

Você encontrou o seu lugar na humanidade.

Você encontrou o seu lugar na vida.

Você encontrou o seu lugar neste momento, neste inspirar e expirar.

Bem debaixo do seu nariz

Embora já sejamos plenos, infelizmente temos o hábito de dividir o mundo entre interior e exterior, isto e aquilo, sujeito e objeto, percebedor e percebido, o que gostamos e o que desgostamos, o que queremos e o que não queremos. Dessa forma, não nos sentimos nem um pouco plenos.

...

Quando somos inconscientemente capturados pelas distinções que separam e fragmentam nossa experiência, em vez de reconhecermos sua plenitude intrínseca, isso tem um efeito profundo sobre nossos hábitos de pensamento, emoções e sentimentos. Esses hábitos irrefletidos da mente nos mantêm presos, nos impedindo de apreender a amplitude, a clareza, a unidade de consciência – mesmo que, junto à respiração, a atenção plena esteja bem debaixo do seu nariz. Ela está sempre à nossa disposição, mas pode facilmente passar despercebida se não estivermos prestando atenção, se ignorarmos o potencial da nossa própria presença, se não estivermos dispostos a nos envolver, parar, olhar e escutar. Simples assim.

A consciência é nossa desde que nascemos. Só precisamos aprender a ser amigos dessa faculdade inata e habitá-la.

É aqui que o cultivo sistemático da atenção plena entra em cena.

Atenção plena não é apenas uma boa ideia

Devido à grande popularidade da atenção plena, é fácil interpretá-la de maneira equivocada: "Ah, já entendi! Estarei mais presente e farei menos julgamentos. Boa ideia! Por que não pensei nisso antes? Simplesmente serei mais atento."

...

Mas a atenção plena é *uma forma de ser* que exige cultivo permanente. Trata-se de uma disciplina em si mesma que naturalmente se estende a todos os aspectos da vida. Com certeza é uma boa ideia estar atento, mas a atenção plena não é apenas uma boa ideia.

E, embora seja simples, não é algo fácil. Não é tão fácil assim sustentar a atenção plena, ainda que por curtos períodos de tempo. Já vimos que, em certos aspectos, você pode considerá-la o trabalho mais difícil do mundo – e o mais importante.

Portanto, a menos que você a implemente e a sustente através de uma prática constante e regular, com uma atitude apropriada de gentileza e bondade consigo mesmo, a atenção plena pode facilmente se tornar mais um pensamento a encher a sua cabeça, fazendo-o se sentir inadequado... Mais um conceito, mais um slogan, mais uma tarefa, mais um compromisso a incluir em seu agitado dia a dia.

Retomando o contato

O desafio real, como veremos ao nos envolvermos na *prática* real da atenção plena, é que a própria prática nos dá acesso instantâneo a outras dimensões da vida que estavam aqui o tempo todo, mas com que perdemos o contato.

•••

Estou usando a metáfora de haver "perdido o contato" intencionalmente, para reconhecer quanto é fácil estar inconsciente, estar mais desatento do que atento, ver sem enxergar de verdade, ouvir sem escutar, comer sem degustar. Em outras palavras, podemos facilmente estar em piloto automático durante a maior parte da vida, ao mesmo tempo que pensamos saber o que está acontecendo, quem somos, para onde estamos indo. Este poderia ser considerado nosso estado geral atual: o modo altamente condicionado e tenaz da inconsciência, do piloto automático, da ação irrefletida.

Por isso o cultivo da atenção plena é tão necessário... e tão desafiador.

Quem sou eu? Questionando a própria narrativa

Algo interessante acontece quando começamos a questionar e investigar de modo aberto, curioso e sistemático quem somos e para onde estamos indo. Será que sabemos mesmo com alguma clareza *quem* somos ou estamos simplesmente criando uma gigantesca narrativa – em geral, muito convincente (até certo ponto) – e vivendo nela sem examiná-la a fundo?

...

Quando a história parece estar indo bem, talvez fiquemos contentes, com a sensação de que estamos avançando a plena velocidade para o que vem a seguir. Mas tudo toma um rumo diferente porque as condições mudaram ou porque, talvez desde a primeira infância, fomos marcados por grande tristeza, por maus-tratos ou negligência, então nossa narrativa interior pode nos dizer que somos inadequados, sem valor, indignos de amor ou burros.

O que a atenção plena pode fazer para ajudar nessas circunstâncias é bem simples. Ela nos faz lembrar que a narrativa interior se baseia inteiramente em pensamentos. Trata-se de uma construção, uma invenção com que nos acostumamos. Pode ser uma história incrível, convincente e envolvente na maior parte do tempo. Mas também pode ser horrenda ou tediosamente normal. Em qualquer caso, não passa de confabulação.

Você é maior do que qualquer narrativa

Nossas narrativas interiores pessoais, como você
deve ter percebido, são facilmente reforçadas por
quaisquer indícios do passado que possam ajudar a
confirmar as alegações que decidimos incluir na história –
como a de que não somos bons o suficiente, as razões
por que somos melhores que as outras pessoas, ou
seja lá qual for a narrativa do momento.

• • •

No entanto, todos esses esforços não passam do desenrolar de fios de egoísmo – tecidos pela interação de nossos pensamentos com nossa experiência – que em geral estão completamente fora da nossa consciência.

Embora possam conter elementos de verdade, essas narrativas não são toda a verdade de quem somos. Quem você realmente é vai muito além da narrativa sobre quem você é. Isso vale para todos nós. Então ou precisamos de uma narrativa bem maior, ou devemos ver o vazio intrínseco de todas as narrativas: embora elas possam ser verdadeiras até certo ponto, carecem de conclusão duradoura ou verdade essencial. Nossa vida é simplesmente maior do que o pensamento. Um exemplo disso é o que você está experimentando diretamente através de seus sentidos neste momento – inclusive a sensação de possuir um corpo – antes de revestir essa experiência com qualquer tipo de narrativa.

Um estudo científico recente da Universidade de Toronto mostrou que existem diferentes redes no cérebro para diferentes tipos de autorreferência da experiência. A primeira, chamada Foco Narrativo (ou NF, *Narrative Focus*), está ativa quando criamos uma história baseada em algo que vivemos. Ela envolve uma grande participação do pensamento, muitas vezes combinada com uma dose de ruminação e preocupação. A segunda rede, chamada Foco Experiencial (ou EF, *Experiential Focus*), se ativa quando estamos absortos na experiência do momento presente, quando o foco está no corpo e na experiência sensorial que se desenrola – sem todo o juízo de valor da rede narrativa. O estudo descobriu que pessoas familiarizadas com a MBSR mostraram um aumento na atividade da rede EF e um declínio na atividade da rede NF. Esse é um exemplo de como o treinamento em atenção plena pode influenciar o modo como o cérebro processa a experiência – nesse caso, a forma como você experimenta o desenrolar da vida e o que conta a si mesmo sobre ela.

Não é que o EF seja superior ao NF. Ambos são necessários para uma vida integrada e equilibrada. Mas quando o NF predomina, sobretudo de maneira inconsciente, nossa compreensão de nós mesmos e do que seria possível pode ficar muito limitada. O NF pode ser entendido como nosso estado geral padrão e às vezes é chamado de *rede padrão*. Alguns estudos identificaram que o Foco Narrativo é a área do córtex cerebral mais ativa quando "não estamos fazendo nada". Quanto mais nos treinamos para viver a experiência do momento presente sem avaliações nem julgamentos prematuros, mais nos permitimos repousar atentos em nossa própria experiência somática, habitando o presente e passando do estado geral padrão para a rede EF.

Quando você começa a questionar a narrativa sobre si próprio e a investigar quem é que está falando tanto dentro da sua cabeça, pode vir a perceber que não tem a menor ideia! Você simplesmente não sabe. Essa percepção é, em si, um marco importante que oferece uma forma inteiramente nova e muito mais livre de estar na experiência. No entanto, no início desse processo de despertar para o fato de que você não sabe o que pensava que sabia, você ainda pode se sentir fragmentado, preso entre histórias conflitantes ou esmagado pela enormidade da narrativa que está dominando sua vida no momento – agora agravada pela percepção de que você não tem mais certeza do que considerava uma certeza. Isso pode ser um ótimo sinal.

Você nunca deixa de ser pleno

Em qualquer confusão e fragmentação em que possamos estar envolvidos quando começamos a examinar nossa vida e nossa mente com maior clareza e curiosidade, podemos também encontrar um anseio frustrado e há muito ignorado – o anseio por uma vida mais integrada, por experimentar a não fragmentação para variar, por nos sentirmos em casa e confortáveis na nossa própria pele. Quem não anseia por esse tipo de paz e bem-estar?

• • •

Mas espere um pouco. Apesar de ansiarmos pela plenitude, o grande paradoxo é que ela já está aqui a todo momento, já é nossa. Se pudéssemos nos dar conta dela e transformá-la na realidade da nossa vida, isso representaria uma profunda "rotação cognitiva", um despertar para a unidade mais profunda que envolve e permeia toda a nossa vida.

Essa rotação cognitiva *é* consciência. Como já discutimos, a consciência nos permite ver e perceber que estamos vendo, pensar e saber o que está na nossa mente, experimentar uma emoção e estabelecer com ela um relacionamento de sabedoria e autocompaixão – sem o fardo das histórias sobre quão ótimos, horríveis ou inadequados somos. Essas narrativas podem funcionar como botas de cimento, nos afundando num atoleiro mais ou menos criado por nós mesmos – se acreditarmos nelas, se pensarmos que são a verdade, em vez de reconhecê-las como meros pensamentos que vêm e vão.

Isso não significa que a meditação esteja sugerindo que você "deveria" saber quem é no sentido convencional e narrativo de "saber". Trata-se mais de indagar se você é capaz de fazer esse questionamento repetidas vezes e de talvez acabar se conformando em não saber – ou ao menos, de início, admitir que não sabe completamente. As pessoas podem lhe perguntar: "Quem é você?" E, em resposta, você poderia dizer "Sou João" ou "Sou Catarina". Mas isso não passa de um nome que seus pais lhe deram quando você nasceu. Poderiam ter escolhido outro. Se isso tivesse acontecido, você continuaria sendo a mesma pessoa? Será que a rosa teria um cheiro tão doce se tivesse outro nome?

Podemos aplicar esse mesmo princípio à sua idade, às suas realizações e a todo o resto. Nada disso define uma pessoa. A pessoa é algo diferente, algo mais misterioso, algo maior. Walt Whitman escreveu, em seu poema "Canção de mim mesmo": "Sou vasto! Contenho multidões!"

E é verdade. Cada um de nós é um universo. Somos ilimitados.

Prestando atenção de uma forma diferente

Nossa verdadeira natureza pode ser ilimitada. Mesmo assim,
permanecemos no hábito inconsciente e irrefletido de
nos considerarmos pequenos e limitados.

• • •

Podemos muito bem estar presos na identificação com os *conteúdos* de nossos pensamentos e emoções e com as narrativas que construímos com base em quanto gostamos ou não do que está acontecendo conosco. O poder da atenção plena reside precisamente em examinar os elementos fundamentais de nossa vida – sobretudo todas as autoidentificações a que nos entregamos e suas consequências para nós e para os outros – e analisar as visões e perspectivas que adotamos e depois passamos a achar que definem quem somos.

O valor da atenção plena reside em prestar atenção de uma forma diferente e maior na realidade da vida que se desenrola momento a momento. Em prestar atenção no milagre e na beleza de nosso ser e nas possibilidades mais amplas dos modos de ser, conhecer e fazer – em uma vida que é vivida, encarada e mantida numa consciência maior.

Chamo isso de "rotação cognitiva ortogonal". Nada está diferente, no entanto tudo está diferente – porque fizemos uma mudança em nossa forma de ver, de ser e de conhecer.

Não saber

Não saber não é algo tão ruim. Como já vimos, essa é a essência da mente de um iniciante.

• • •

Basicamente, não saber é apenas sermos honestos sobre nossa ignorância. Não é algo vergonhoso, embora muitos o considerem dessa forma. É claro que podemos ter medo de dizer num grupo ou numa turma da escola que não sabemos algo porque não queremos parecer tolos. Fomos altamente condicionados a nos sentirmos assim. Mas pense nisto: todos os grandes cientistas precisam admitir o que não sabem sem perder isso de mente. Do contrário, nunca estariam em posição de descobrir nada significativo, porque descobertas e percepções novas acontecem na interface entre o que é sabido e o que não é.

Se você está preocupado exclusivamente com o que já é sabido, não consegue dar o salto para aquela outra dimensão de criatividade, imaginação, poesia ou seja lá o que nos permita enxergar nas coisas uma ordem oculta que, até ser vista e percebida, nem sequer parece existir.

A mente preparada

É provável que você já tenha passado pela experiência de não conseguir perceber algo que outra pessoa enxergou, apesar de estar numa posição tão boa quanto ela. Pode ser que você tenha dito: "Por que eu não vi isso?"

...

Talvez você não estivesse prestando atenção com a abertura necessária para aquela percepção naquele momento. Talvez seja porque todos têm a própria trajetória de vida e seus condicionamentos... Louis Pasteur tem uma frase famosa: "O acaso favorece a mente preparada."

E o que é a mente preparada? É uma mente pronta, aberta, que sabe ou apenas intui o que não sabe, questionando as próprias suposições tácitas, levada a olhar mais fundo a aparência das coisas e por trás da narrativa convencional sobre as razões pelas quais as coisas são ou não do modo como são.

O que é para você ver?

Talvez você não consiga ver o que é para ser visto por outra pessoa. Mas talvez, apenas talvez, você consiga ver o que é para você ver. Então o que é para você ver?

...

Eis uma ótima pergunta para reflexão, para tornar sua, para deixar viva dentro de seus ossos e seus poros e para guiar sua trajetória. Este pode ser o trabalho da sua vida: fazer a si mesmo essa pergunta e outras como "Qual é o meu Caminho com C maiúsculo?", "Qual é minha Missão com M maiúsculo no planeta?", "Pelo que anseia meu coração?", "O que meu corpo está realmente pedindo de mim neste momento?". Até mesmo "Quem está meditando?" – especialmente essa!

Você pode então passar a nutrir esses elementos da sua vida como se essa realmente fosse a única tarefa que vale a pena realizar. E pode argumentar que isso é verdade e que as respostas a essas perguntas podem mudar e amadurecer com o tempo.

Talvez a imobilidade faça parte disso. Talvez o silêncio. Talvez a ação apaixonada. Para alguns, essa vocação pode ser promover o bem-estar, com ações que colocam os interesses dos outros à frente dos seus, como no Juramento Hipocrático, que tem sido transmitido de geração a geração de médicos desde o tempo de Esculápio e das raízes gregas antigas de nossa cultura ocidental.

PARTE III

APROFUNDAR

Nenhum lugar a ir, nada a fazer

Em muitas línguas asiáticas, a palavra para "mente" e a palavra para "coração" são a mesma. Assim fica mais fácil compreender que a atenção plena da mente também vem do coração.

•••

Por isso a atenção plena é às vezes descrita como uma *atenção afetuosa* e é por essa razão que encorajo as pessoas a abordarem a prática de modo leve, com uma atitude de delicadeza e compaixão.

A atenção plena não é uma maneira fria, clínica ou analítica de testemunhar algo; não se trata de abrir caminho à força em direção a algum estado mental especial, mais desejável, nem de vasculhar os detritos e escombros da mente para descobrir o ouro enterrado embaixo deles. Segundo essa forma de pensar sobre a meditação e seus benefícios potenciais, ficam claras as ideias de *forçar, fazer, se esforçar*. Só que precisamos lembrar todo o tempo que a meditação não envolve fazer nada! Trata-se apenas de *ser* e do contato com a pura *atenção*.

Como nos lembra o Sutra do Coração, um importante texto da tradição do budismo Mahayana, não há "nenhum lugar a ir, nada a fazer, nada a alcançar".

O fazer que advém do ser

Nos estágios iniciais da prática de meditação, você pode se perguntar: "Bem, se eu adotar a atitude de que não há 'nenhum lugar a ir, nada a fazer, nada a alcançar', jamais farei qualquer progresso com a prática ou com qualquer outra coisa. Com essa atitude, jamais conseguirei realizar nada. Mas preciso fazer muitas coisas no meu dia e na minha vida. Tenho responsabilidades!"

• • •

O fato é que a meditação não consiste em contemplar o próprio umbigo nem em abrir mão da ação no mundo. Tampouco consiste em desistir de se envolver apaixonadamente em projetos de real valor e de realizar coisas. Não se trata de torná-lo estúpido nem de privá-lo de ambição e motivação.

Pelo contrário, a meditação é uma maneira de fazer com que toda ação em que você esteja envolvido e com que se preocupe venha do ser. Então o que surgir será algo diferente do mero fazer, porque estará de acordo com as outras dimensões da experiência que resultam de conhecer intimamente a própria mente. Essa intimidade se desenvolve pelo cultivo sistemático, e esse cultivo advém da disciplina da atenção. Esse é o sentido da *prática* da atenção plena. É o *como* estar presente aos nossos sentidos a cada momento. Realmente não há lugar para ir agora. Você já está aqui. Somos capazes de estar aqui completamente?

Realmente não há nada a fazer. Podemos nos entregar ao não fazer, ao puro ser?

Realmente não há nada a alcançar, nenhum "estado" ou "sensação" especial, porque o que você está experimentando neste momento já é especial, já é extraordinário pela própria existência.

O paradoxo desse convite é que tudo que você poderia desejar já está aqui.

E a única coisa importante é ser o conhecimento de que a consciência já é.

Agir de forma apropriada

A atenção plena é necessária para você ser capaz de ver,
sob a superfície das aparências, o que está se desenrolando
em sua experiência, em seu corpo, em sua mente.

•••

A atenção plena é necessária para você ser capaz de ouvir de verdade o que está sendo dito por um paciente, colega, amigo ou filho. Ela é necessária para você captar o olhar que momentaneamente passa pelo rosto do outro quando você diz algo que o incomodou mas não percebe o que realmente fez ou como foi ouvido, deixando de notar que lançou uma flecha, ao menos metaforicamente, no coração dessa pessoa – e você não tem ideia de ter feito isso.

A atenção plena pode realmente envolver tudo isso de tal modo que você pode nem lançar essa flecha, para início de conversa. Mas, se lançar, você vai ver o que causou e terá integridade e caráter suficientes para pedir desculpas e dizer "Desculpe-me por tê-lo ferido", ou "Isso deve ter doído. Me perdoe".

Se você está consciente do que está acontecendo, está fazendo certo

> É muito comum que os iniciantes na prática da atenção plena queiram saber se estão fazendo certo e se o que estão experimentando é o que deveriam.
>
> • • •

Minha resposta mais breve à pergunta "Será que estou fazendo certo?" é: se você está consciente do que está acontecendo, você está "fazendo certo", não importa o que aconteça. Pode ser difícil aceitar, mas é verdade. Além disso, não há nada de errado com o que você está experimentando, ainda que não goste ou que não pareça muito "meditativo". Na verdade, está perfeito. É o conteúdo do momento presente, sua vida se desenrolando aqui e agora.

Quando você pratica a atenção plena, a primeira coisa que tende a perceber é como é capaz de estar inconsciente. Digamos que você decida se concentrar na respiração, no ar entrando e saindo do seu corpo. Ela está acontecendo no momento presente. Ela é importante. Você não consegue viver sem respirar. Não é difícil localizar as sensações associadas à respiração no corpo, na barriga, no tórax ou nas narinas. Você pode pensar: "Qual é a dificuldade? É só manter o foco na respiração."

Bem, lhe desejo sorte. Porque, invariavelmente, você vai descobrir que a mente tem vida própria e não está interessada em receber ordens para permanecer concentrada na respiração ou em qualquer outra coisa. Portanto é bem provável que sua atenção se dissipe várias vezes, esquecendo a respiração do momento presente e se preocupando com outra coisa – qualquer coisa –, apesar dos seus melhores esforços. Isso é parte integrante da prática de meditação e lhe diz algo sobre a natureza da mente.

Lembre que já estabelecemos que os *objetos* não importam. O que realmente importa é a qualidade da própria *atenção*. Assim as divagações da mente – suas distrações, sua mutabilidade, seu embotamento, sua agitação, suas incessantes construções, seus projetos, sua falta de foco – estão lhe revelando algo criticamente importante sobre sua mente. Não é que você esteja fazendo algo errado. Você não está! Está simplesmente começando a perceber que conhecemos muito pouco nossa mente e nós mesmos.

Essa consciência é bem mais importante do que sua atenção estar concentrada ou não nas sensações da respiração num dado momento. Se entendemos isso, a tendência à distração e o fato de não podermos confiar na própria mente se tornam os novos objetos da atenção em praticamente todo e qualquer momento.

Quando sua atenção se afasta da respiração, isso não é um erro nem significa que você "não sabe meditar". É apenas o que aconteceu no momento. O importante é dar-se conta disso. Você consegue acolher os acontecimentos e ter consciência deles? Consegue não lhes acrescentar um juízo de valor? É aqui que entra em cena o não julgamento.

Não julgar é um ato de inteligência e gentileza

Se você decidir se criticar a cada vez que sua mente
divagar para longe do momento presente...
Bem, você vai se criticar bastante.

•••

Talvez esteja na hora de parar de se repreender e se rebaixar por não estar seguindo algum ideal "espiritual". Que tal apenas observar o que está acontecendo? Quando pensamos que "estragamos tudo" ao desviar a atenção da respiração durante uma prática formal, que tal apenas trazer a consciência para o pensamento de que você "estragou tudo"? Esse pensamento é um julgamento, apenas mais um comentário interior. Você não "estragou" nada. Não há nada de errado com você. E não há nada de errado com a sua mente. Esses são apenas juízos de valor que a mente está gerando em reação à experiência de se distrair do objeto escolhido. Você terá milhões, bilhões desses momentos. Eles não importam, mas podem nos ensinar muito. Será que você é capaz de ver que pode permanecer na consciência ou retornar a ela, ao menos por breves momentos, repetidas vezes, ainda que a mente vá para lá e para cá e esteja preocupada com isto ou aquilo?

A cada momento nos é apresentada a opção de ver o que está realmente acontecendo – o que chamamos de *discernimento* – em vez de recair no julgamento, que costuma ser um pensamento excessivamente simplista, dualista, binário: preto ou branco, bom ou ruim, uma coisa ou outra. Suspender o julgamento – ou não julgar o próprio julgamento que surge – é um ato de inteligência, não de estupidez. É também um ato de bondade com você, pois contraria nossa tendência de sermos rigorosos e críticos demais em relação a nós mesmos.

Sua única alternativa é ser você mesmo. Que bom!

Atenção plena é consciência.

• • •

Não se trata de alcançar um ideal ou de atingir um estado especial particularmente desejável ou há muito esperado.

Se a mente está pensando algo como "Se eu meditar, serei sempre compassivo, serei como o Dalai Lama, serei como Madre Teresa" ou seja quem for seu guru/herói espiritual do momento, é bom você lembrar que não tem a menor chance de ser como o Dalai Lama, Madre Teresa ou qualquer outra pessoa. Você nem sabe qual é a experiência interior deles.

A única pessoa com quem você tem a mais remota possibilidade de se parecer é com você mesmo. E este é o verdadeiro desafio da atenção plena: o desafio de ser você mesmo.

A ironia, é claro, é que você já é.

Incorporando o conhecimento

O que significa dizer que já somos quem somos?
E como podemos incorporar esse conhecimento e
ser a essência desse saber momento a momento?

• • •

Como podemos incorporar esse conhecimento nos momentos de maior estresse, quando tudo dá errado?

O que acontece quando somos dominados por estados mentais como ansiedade, tédio, impaciência, irritação, tristeza, desespero, raiva, ciúme, cobiça, euforia, excessiva importância pessoal ou falta dela, ou qualquer uma das inúmeras reações emocionais às quais podemos ser lançados em qualquer momento por circunstâncias bem reais?

Como essas brisas – às vezes tempestades – na mente se relacionam com quem somos *naquele* momento? Quais são nossas opções para construirmos um relacionamento de maior sabedoria com o que está acontecendo no campo da consciência: preocupações, nuvens passageiras, a turbulência que ocasionalmente surge e domina a mente e o coração?

A própria vida nos oferece inúmeras oportunidades de explorar esses aspectos muitas vezes negligenciados de nosso ser. Isso incluiria cultivar uma maior intimidade com o que às vezes chamamos de emoções positivas – que também fazem parte do repertório humano e não se limitam necessariamente a circunstâncias agradáveis ou satisfatórias.

Podemos indagar se é possível conservar a sensação de bem-estar em qualquer momento, experimentar uma sensação profunda de florescimento, o que às vezes é conhecido como eudemonia. Podemos explorar os possíveis papéis desempenhados pela alegria, pelo prazer, pela empatia e pela satisfação na plena expressão de nossas vidas.

Será possível estarmos conscientes dos momentos fugazes de alegria, talvez na ausência das tempestades e confusões, que também são fugazes quando não as alimentamos? Talvez a alegria e o bem-estar já estejam aqui e apenas os estejamos ignorando. Talvez nos falte a perspectiva adequada para sequer detectarmos a presença dessas tendências em nós.

Essas capacidades inatas, qualidades do coração e da mente, podem ser desenvolvidas e expandidas pelo abraço afetuoso no momento presente que a atenção plena nos convida a dar. Quando cultivadas, podem estar mais disponíveis para nós, mesmo em momentos de grande dificuldade.

Sentindo alegria pelos outros

Sentimentos de compaixão e bondade amorosa pelos
outros podem ser desenvolvidos e refinados.

• • •

Como a alegria e o bem-estar, a compaixão e a bondade amorosa que sentimos pelos outros são tendências inatas de nosso coração e nossa mente. Isso significa que elas já estão aqui. Talvez não recebam a devida atenção, obscurecidas pela confusão da mente, que em geral está mergulhada nas preocupações de nosso dia a dia agitado.

Se estivermos atentos o suficiente para percebê-los, os sentimentos de compaixão e bondade amorosa pelos outros podem ser reconhecidos e acolhidos na consciência – talvez junto a certa dose de compaixão e bondade amorosa direcionadas a nós mesmos. Esta costuma ser a parte mais difícil: reconhecer algo dentro de nós que seja digno de compaixão. Entretanto, acredite se quiser, essas qualidades do coração já ocupam nossa paisagem interior. Embora esses sentimentos possam normalmente passar despercebidos, isso pode mudar se nos esforçarmos para encarar nossa experiência de forma generosa e objetiva – só para ver o que acontece.

A consciência pode então servir como a porta de entrada para nos relacionarmos de uma nova maneira com o repertório completo de nossa vida emocional – sem precisarmos nos esforçar nem nos tornar uma pessoa diferente.

A catástrofe completa

Durante grande parte do tempo, podemos nos encontrar
em situações de algum modo dolorosas, sofrendo em face do
que Zorba, o Grego denominou "a catástrofe completa"
da vida – nada menos que a própria condição humana –,
que muitas vezes se manifesta de maneiras que nos parecem
injustas. Mas, mesmo em momentos assim, podemos entrar
em contato com alguma outra dimensão da experiência,
especialmente se nos dermos conta de que a consciência
da dor que estamos sentindo não é em si dolorosa.

•••

Claro que isso exige certo grau de investigação. Isso nos obriga a olhar o que a maioria de nós não quer ver. Esta é uma das virtudes do cultivo da atenção plena e da intencionalidade por trás da prática: ajudar a nos voltarmos para aquilo a que mais somos impelidos a virar as costas.

Minha consciência do sofrimento é sofrimento?

A certa altura você pode se perguntar: "Será que minha consciência do sofrimento é sofrimento?"

...

Você pode tentar observar o que está surgindo em sua experiência num momento de sofrimento e sustentar esse olhar por alguns segundos além do que se sente confortável, como se estivesse mergulhando o dedão do pé na água – de modo leve e suave, mas ainda determinado a sentir o que está aqui e apreender a qualidade de sua consciência. Com a prática, você pode tentar estender esse exame por períodos maiores, de modo que sua investigação do que identificamos como sofrimento tenha uma chance de se estabilizar na consciência. É bom tentar isso em ocasiões diferentes. Essa é uma forma de fazer amizade com experiências desagradáveis e difíceis.

De maneira semelhante, você pode investigar a ansiedade num momento de medo, indagando "Minha consciência do medo, da apreensão, da preocupação, da ansiedade está amedrontada?", e depois olhar profundamente. Ou pode investigar um momento de dor, perguntando: "Minha consciência da dor sente dor?" Ou: "Minha consciência da tristeza está triste, minha depressão está deprimida, minha sensação de inutilidade é inútil?" Claro que é melhor fazer isso quando o sentimento está forte, não como um exercício teórico ou conceitual.

Não estou dizendo que é fácil. Nem estou dizendo que isso vai magicamente melhorar as coisas. Não deve ser assim. Mas essa é uma forma de lidar com dores e mágoas enormes de uma forma potencialmente transformadora e libertadora.

O passo seguinte é então tentar abandonar totalmente o sentido de posse, o "meu", e perceber como você se sente, de modo que não se trate mais de *meu* sofrimento, *minha* ansiedade, *minha* tristeza. Em outras palavras, abrir mão da tendência de relacionar tudo ao ego – ou seja, simplesmente estar consciente. Talvez você sinta que a consciência pode, em algum momento, modificar drasticamente nossas crenças mais profundas sobre nossa experiência. Basta investigar toda a extensão dessa experiência em vez de meramente viver numa reatividade habitual, colorida e perpetuada por padrões velhos e desgastados de pensamento, com pouca ou nenhuma consciência.

O que significa a libertação do sofrimento?

Certa vez, em Shenzhen, na China, conheci um mestre Chan de 98 anos que me disse, após ouvir uma explicação sobre a MBSR: "Existem infinitas maneiras de sofrer. Portanto, deve existir um número infinito de maneiras de oferecer o Dharma às pessoas." O que ele queria dizer com *Dharma* eram os ensinamentos universais do Buda sobre o sofrimento e a possibilidade de libertação.

• • •

Quando o Buda falou sobre o Dharma como o caminho para a "libertação do sofrimento", estava se referindo ao sofrimento que criamos para nós, que acrescentamos ao sofrimento que está fora de nosso controle. Esse sofrimento "extra" é chamado de *sofrimento adventício*, que vem do latim *adventicius*, "vindo de fora", cuja raiz é *advenire*, "chegar". Ele é "extrínseco, não intrínseco", "fora de lugar" ou "acidental". Em outras palavras, não é dado. De acordo com o Buda, com base em suas "investigações de laboratório" meditativas sobre a própria experiência – e as de um sem-número de praticantes do Dharma desde então –, esse é o tipo de sofrimento pelo qual não precisamos ser aprisionados, contra o qual podemos reagir, do qual podemos estar completamente livres. E quando investigamos por nós mesmos, pelo nosso cultivo sistemático da atenção plena em face da dor particular e pessoal (a palavra "sofrimento" vem do latim *sufferre*, cuja raiz significa "carregar ou suportar"), podemos ver que grande parte dela é realmente uma forma de sofrimento que criamos para nós, acrescentando-a ao que as circunstâncias externas nos trazem – o que pode já ser horrível o suficiente recebe nossa contribuição para agravar a situação.

De longe, é esse sofrimento adventício que nos causa a maior parte do sofrimento que sentimos. A dor de todos os tipos – física, emocional, social, existencial, espiritual – faz parte da condição humana, sendo às vezes inevitável. O clichê é que, enquanto a dor pode ser inevitável, o sofrimento que a acompanha é opcional. Isso significa que *a forma como escolhemos nos relacionar com a dor faz uma enorme diferença.*

Devemos observar que a libertação do sofrimento não implica que, ao realizar práticas de atenção plena, nunca mais vamos sofrer. Se você é humano, vai sofrer às vezes. Isso é parte da condição humana. É inevitável. O simples fato de ter um corpo significa que vamos sofrer. Como já vimos, apegar-se a qualquer coisa, agarrar-se a qualquer coisa, já é uma receita para o sofrimento. Assim, é certo que iremos sofrer. Às vezes você também pode contribuir para o sofrimento dos outros sem nem saber. A questão é: é possível investigar nosso sofrimento e fazer amizade com ele em quaisquer circunstâncias? Existem maneiras ponderadas e práticas de enfrentar experiências profundamente dolorosas sem agravá-las? Quais podem ser as consequências de percebermos que é possível *lidar com* a dor e o sofrimento de forma intencional e atenta quando eles surgem em nossa vida?

Situações infernais

A qualquer momento, inúmeras pessoas por todo o
planeta estão aprisionadas em uma ou outra situação infernal,
em um ou outro aspecto da catástrofe completa.
Isso não deve ser minimizado. O sofrimento é enorme.
E grande parte dele não é adventício.

•••

Às vezes o sofrimento se deve à guerra ou a outras formas de violência; à perda, à dor, à humilhação, à vergonha, a uma sensação de impotência ou inutilidade; ou a estar aprisionado por vícios e pela cegueira. Essas situações infernais podem agravar a violência, às vezes levando as pessoas a cometerem atos terríveis contra si ou os outros.

No entanto, mesmo em face das situações aterrorizantes mais impensáveis, temos uma capacidade inata poderosa de manter seja o que for – mesmo o terror, o desespero e a fúria – na consciência e suportá-lo de forma diferente. Podemos ver isso nos variados atos de bondade em tempos de guerra e dificuldades. Como humanos, podemos enfrentar e aceitar nossa dor, nossa raiva, nosso medo de novas maneiras profundamente restauradoras e terapêuticas.

É isto que nos oferece a atenção plena como uma prática: uma maneira nova de nos relacionarmos com o que existe, não como uma rota de fuga ou uma solução, mas como um meio de estar mais em contato com nossa humanidade, nossa bondade e nossa beleza.

Além disso, na aflição – ou mesmo no horror – de qualquer momento, podemos reconhecer algo que já vimos repetidamente na própria prática de meditação, o que às vezes é chamado de lei da impermanência: o fato de que tudo, sem exceção, está sempre em transformação, de que as coisas não permanecem e não podem permanecer iguais para sempre. No momento presente, também podemos reconhecer que nossa consciência já está livre – mesmo na prisão, mesmo no inferno –, oferecendo a liberdade de escolhermos como reagir interiomente às circunstâncias, ainda que estejam muito além de nosso controle. Em seu livro *Em busca de sentido*, Viktor Frankl exprimiu esse conhecimento nos seguintes termos, ao descrever sua experiência num campo de concentração nazista: "Tudo pode ser tirado de um ser humano, menos uma coisa: a última das liberdades humanas – a capacidade de escolher a própria atitude em qualquer circunstância, de escolher o próprio caminho."

A libertação está na própria prática

Um alpinista no alto dos Andes, depois de ter caído porque seu companheiro de escalada teve de cortar a corda que os unia para não perder a própria vida, não teve opção senão descer até uma fenda no gelo, arrastando uma perna gravemente fraturada e dolorida. Com a vida em jogo, não havia qualquer possibilidade de ir na direção que mais queria para sobreviver: para cima. Sua única opção àquela altura era descer para a escuridão, na esperança de que emergiria num lugar onde pudesse achar uma saída para a segurança.

…

De forma semelhante, pode haver ocasiões em que não temos opção senão ir mais fundo para a escuridão e perseverar através do horror, do sofrimento – talvez sem vislumbrar qualquer "solução" realista no horizonte. Simplesmente não existe alternativa. Mas a forma como nos aproximamos disso faz uma enorme diferença. Em seu caso, o alpinista milagrosamente encontrou uma saída e sobreviveu.

Quando sofremos, a angústia das circunstâncias sempre traz uma sensação de singularidade. E por um bom motivo: o que está acontecendo está acontecendo conosco, não com outra pessoa. O que quer que seja vem sempre acompanhado por uma história, quando tentamos desesperadamente explicar a nós mesmos o inexplicável. O sofrimento pode surgir subitamente, em qualquer das suas manifestações infinitas, inesperadamente, em meio à nossa vida e aos nossos relacionamentos, esperanças e sonhos – a histórias e a assuntos não resolvidos muito ricos e cheios de nuances. Ele pode indicar o fim de algo, sinalizar a perda irreparável. Os acontecimentos podem destruir todas as esperanças e todos os sonhos num instante, rasgar a tessitura da nossa vida, virar tudo de ponta-cabeça, acabando com tudo que é mais bonito e adorável. Não dá para negar isso.

O que a prática da atenção plena nos oferece é um meio de nos relacionarmos com essa enormidade, com essa angústia e com as particularidades dessa narrativa – mesmo quando parece impossível tomar uma atitude. Ela nos convida a estar dispostos a, repetidas vezes, mesmo em face de nossa subjugação, da relutância e do desespero, nos voltarmos *na direção* daquilo de que mais queremos fugir. Convida-nos a aceitar o que parece inaceitável e a tentar assumir essa realidade com enorme gentileza em relação a nós mesmos. É uma prática que só se desenvolve com o tempo.

Nós abraçamos o que está ocorrendo com consciência e aceitação porque não temos nenhuma alternativa viável e inteligente. E o fazemos não como uma forma de resignação passiva ou rendição, mas como uma maneira de nos relacionarmos com mais sabedoria com o que simplesmente é, com o que foi, com o mistério do que virá no futuro. Fazemos o melhor que podemos em qualquer momento.

Existe força nisso. Existe uma dignidade silenciosa nisso. E não é algo falso. Não é forçado. Não é uma idealização romântica de um estado especial do ser. Não é a encenação de um método ou de uma técnica. Não é a implementação de uma filosofia. É apenas um ser humano, um grupo de pessoas ou uma sociedade inteira com plena consciência da pungência de tudo que existe. Eis o que a *prática* da atenção plena realmente cultiva: a disposição para repousar no desconhecido, na consciência tanto do conhecimento quanto do não conhecimento, e para reagir de forma apropriada ao que exige atenção no momento presente, nas circunstâncias em que nos encontramos, com gentileza em relação a nós mesmos e àqueles que mais precisam de nossa ternura e de nossa clareza.

Nisso repousa a libertação do sofrimento. A libertação está na própria prática – e em cada momento em que podemos nos refugiar no domínio do desconhecido. Nessas horas, podemos agir mesmo em face de narrativas interiores ruidosas que preveem desespero e fracasso. Mesmo nos momentos em que perdemos o controle da mente e do coração. E em seguida, ou quando estivermos prontos, podemos começar tudo de novo e de novo e de novo. Podemos retornar repetidamente a algo profundo dentro de nós que é constante, que é confiável, que é plenitude – e que não é uma coisa.

A beleza da mente que conhece a si mesma

Podemos dizer que as maiores realizações da arte, da cultura e da ciência, os conteúdos de museus e bibliotecas mundo afora e o que se desenrola nas salas de concerto e entre as capas das grandes obras da literatura e da poesia nascem da mente humana que se conhece a si mesma ou que ao menos está interessada em explorar a interface entre o conhecido e o desconhecido.

...

Por outro lado, no decorrer da história humana, as atrocidades e os horrores mais terríveis que uma pessoa, um grupo, uma nação ou uma tribo cometeu contra outros ou contra si nasceram da mesma mente humana quando ela *não* se conhece, quando se recusa a olhar para si em relação ao todo e opta ativamente (e muitas vezes de maneira cínica) pelo interesse pessoal estreito, pela ganância, a animosidade, a ilusão, a violência e a ignorância em vez da consciência, da atenção plena e da conexão, cooperação e gentileza que naturalmente resultam de uma forma mais atenta e afetuosa de ver, conhecer e estar no mundo.

Como vimos, temos inúmeras oportunidades de sair da narrativa desgastada do pensamento, não nos deixarmos dominar por nossas emoções, ideias e opiniões, nossos gostos e aversões, e, em vez disso, repousar na consciência.

Nossa consciência é capaz de nos libertar, ao menos por um momento atemporal, dos elementos tóxicos do pensamento, da emoção e do sofrimento habitual que costumam surgir quando esses aspectos não são enfrentados, examinados e acolhidos na consciência.

Cuidando da sua prática de meditação

A meditação é o cultivo daquele gesto de acolher tudo que surge corajosamente, de todo o coração, na consciência.

•••

Cultivo (*bhavana*, em páli) é um termo agrícola: evoca o plantio de sementes, a rega e sua proteção para que tenham tempo de crescer. É preciso protegê-las para que não sejam comidas pelos pássaros, pisoteadas pelas vacas ou levadas pela chuva. Por isso existem cercas e valas ao redor de jovens pomares e vinhedos.

Ao mencionarmos a semente da atenção plena, estamos falando de um potencial que se assemelha a uma semente que, se for regada regularmente e protegida nos estágios iniciais, é capaz de se transformar em um enorme carvalho cujos galhos e folhagem podem fornecer um refúgio confiável contra as intempéries.

Assim faz sentido cuidar de sua prática nascente de meditação, especialmente durante os primeiros trinta ou quarenta anos. Ela é preciosa e pode ser facilmente pisoteada ou removida pelas exigências do dia a dia e de sua própria mente.

Conservando energia na prática de meditação

Se você está começando, é importante estar vigilante para o impulso natural de conversar com outras pessoas sobre sua prática de meditação ou casualmente mencionar que você está começando a meditar.

• • •

É fácil dissipar energia assim. Se alguém não reage de modo positivo ao que você está compartilhando ou menospreza de algum modo a ideia da meditação, ainda que sem a intenção de fazê-lo, você pode se sentir desencorajado antes mesmo de ter desenvolvido constância suficiente em sua prática para que as opiniões de outras pessoas deixem de importar.

Além disso, se você se entusiasmar com a meditação e com quão ótima ela é e isso se tornar um hábito, logo estará desperdiçando a pouca energia que tem falando sobre sua "experiência" de meditação, suas percepções e quão maravilhosa e transformadora é a prática da atenção plena – em vez de praticá-la. O risco é que em pouco tempo você não tenha mais tempo de meditar. Você terá se envolvido mais com a história de sua prática do que com a experiência de meditar constantemente. Claro que isso é mais uma forma de o egocentrismo se manifestar, só que agora em torno do tema da atenção plena. É incrível o que a mente faz para construir e reforçar uma identidade.

Por essa e outras razões, seria útil dedicar certo cuidado, atenção e intencionalidade a escolher bem a quem você irá falar sobre sua prática de meditação e ao que irá dizer. Pode ser muito proveitoso ter ao menos uma pessoa – de preferência, alguém que também pratique e que tenha mais experiência do que você, ou que ao menos esteja praticando há mais tempo – com quem conversar sobre os detalhes de sua prática. Mas, além disso, talvez seja melhor diminuir as conversas a respeito desse assunto com os outros. Basta explicar a familiares e amigos que possam estar interessados o que você precisa fazer. Desse modo, você não desperdiça as energias nascentes que está mobilizando, necessárias à manutenção da constância da prática formal nos bons e nos maus momentos. Em certo sentido, você estará reinvestindo essa energia, despejando-a de volta na própria prática e em seu relacionamento crescente com o silêncio e o não fazer.

Você estará deixando que a forma como vive, suas ações e atitudes falem por si, sem a necessidade de sintetizar uma narrativa satisfatória para os outros ou para si mesmo.

A atitude de não violência

> Existe um fundamento ético para o cultivo da
> atenção plena. A atenção plena é uma maneira de ver a
> realidade altamente ligada à compaixão, começando por
> você mesmo. Baseia-se acima de tudo no princípio de
> não violência, ou *ahimsa* (em sânscrito).

•••

A cada momento, o convite é para estar presente com e para si mesmo, a pessoa que você é, com uma atitude de abertura, generosidade e gentileza. Como já vimos, não julgar significa que é importante não se criticar a cada vez que não corresponder aos padrões – em geral, pouco realistas – criados por você mesmo. Repreender-se desse modo dificilmente seria compatível com o espírito de não violência.

Quando nos alinhamos intencionalmente com a atitude de não causar danos como motivação e base central para a prática de meditação, isso nos permite adotar uma perspectiva bem diferente da maneira como nos relacionamos com nossos diversos estados mentais transitórios, muitas vezes dolorosos, assim como com a totalidade da vida momento a momento – e mesmo com a questão de saber quais são nossas necessidades mais profundas e importantes.

Não causar danos é a parte central do Juramento Hipocrático da medicina – "*Primum non nocere*" ("Primeiro, não causar dano"). Trata-se do juramento feito pelos médicos ao iniciarem formalmente sua prática profissional após a faculdade. Se você cultivar esse tipo de atitude em relação a si mesmo, quando se sentar numa cadeira ou almofada para meditar poderá facilmente repousar na consciência, sem ter que ir a algum outro lugar ou sentir algo especial.

Porque, como vimos, esse momento já é especial.

Ganância: A sucessão de insatisfações

Os budistas têm uma forma bem prática de falar sobre certos estados mentais doentios e potencialmente destrutivos, referindo-se a eles como *venenos*. Esses estados mentais tóxicos, como também são chamados, estão agrupados em três categorias.

•••

O primeiro veneno é a ganância. Trata-se do impulso de adquirir tudo que você deseja. Chamar isso de "tóxico" pode parecer exagero, mas, a um exame atento, esse é um recurso muito útil para examinarmos nosso comportamento de modo a trazer maior consciência aos nossos impulsos e ações, reconhecendo suas consequências reais.

Constantemente somos tentados a obter coisas que queremos. Às vezes é só um pouquinho de ganância: queremos mais comida, mais crédito ou mais amor. E às vezes é uma grande fome que não conseguimos satisfazer, por mais que tentemos. Mas, pequena ou grande, quando não alcançamos o objeto de desejo imediato podemos nos sentir incompletos, mal-humorados e mesmo completamente deprimidos.

Claro que acreditamos sinceramente que, se obtivermos aquilo que nos falta, seja o que for, nos sentiremos completos outra vez. E isso é verdade, até certo ponto. É uma boa sensação... até nos sentirmos incompletos de novo – e aí ansiamos por um pouco mais... até satisfazermos o próximo desejo. E isso desencadeia uma sucessão sem fim de insatisfações. Visto de maneira abrangente, isso é o apego, a tendência que o Buda considerava a principal causa do sofrimento. Quando a ganância está em ação, sempre parece faltar alguma coisa – algo que, se obtivéssemos, nos tornaria completos.

Todos nós reconhecemos esse padrão, mas costumamos vê-lo de forma muito mais clara nas outras pessoas. O que não significa que não possamos desejar as coisas ou que não devamos ter metas nem ambições. Simplesmente nos lembra de que podemos gerar menos sofrimento em nós e nos outros se tivermos consciência do nosso apego aos desejos – e que então seremos capazes de fazer com que essa consciência module nossos pensamentos, emoções e ações.

Isso é fácil de dizer, mas não tão fácil de viver.

Aversão: O outro lado da ganância

O ódio ou aversão é o outro lado da ganância e também
surge de nosso apego irrefletido ao nosso desejo – só que dessa
vez é o desejo de que as coisas sejam diferentes do que são.

•••

A aversão surge de qualquer coisa que você não quer ou de que não gosta, de que quer fugir, se afastar, que quer empurrar para longe ou fazer desaparecer. Qualquer coisa indesejada é agrupada nesta categoria: aversão. Ela está no núcleo de muitas emoções intensas – raiva, ódio, fúria, medo – e também de emoções menores, como irritabilidade, ressentimento, mau humor e aborrecimento.

Pode ser muito revelador tentar observar quantas vezes durante o dia a aversão dá as caras de alguma forma: uma pontada de contrariedade pela forma como alguém diz algo, como põe os pratos na lava-louça de uma forma diferente da sua, como guarda uma ferramenta na posição que você considera obviamente errada. Ou quando o tempo não está do jeito que você gosta. Ou quando alguém o acusa de ter feito algo (mesmo que seja pequeno e trivial) que você não fez ou de não ter cuidado de algo de que você na verdade cuidou. Ou quando não lhe dão crédito por algo meritório que você fez.

Ocasiões que previsivelmente vão desencadear uma reação de aversão são um maná do céu se você estiver atento a elas, pois nos proporcionam ocasiões infinitas para nos tornarmos mais humildes e vermos quanto do que julgamos ser nosso verdadeiro bem-estar depende de que as coisas sejam feitas do nosso jeito, para notarmos como é forte nosso apego inconsciente ao desejo de que tudo se desenrole do jeito que queremos e de que sejamos tratados como se todos no mundo soubessem exatamente como queremos e precisamos ser tratados.

Você pode sentir a onda do egocentrismo nesses exemplos e quão tóxica a narrativa interior pode se tornar. E com certeza pode sentir isso na miríade de exemplos que devem estar inundando a sua mente enquanto reflete sobre seu relacionamento com toda e qualquer coisa de que não gosta, por mais trivial que seja, e como você leva tudo isso para o lado pessoal.

Desse modo, ter consciência da aversão é algo profundamente terapêutico, porque nos oferece um meio de, ao menos por um momento, dissolver a camisa de força inconsciente autoimposta de reações automáticas. Um mínimo de consciência, mesmo após o fato, permite que vejamos que temos opções bem reais em momentos como esses. Não precisamos ser prisioneiros perpétuos da aversão se refletirmos sobre o que acabou de se desenrolar e nos questionarmos se realmente estamos melhor por causa da reação emocional que tivemos. Isso também sinaliza que, na próxima oportunidade – que costuma estar logo ali –, podemos nos lembrar de ver com mais clareza e nos permitir sentir no corpo as energias contrativas que surgem quando as coisas não acontecem exatamente do jeito que gostaríamos. Desse modo, podemos optar de forma consciente por deixar que as energias turbulentas daquele momento surjam, façam sua ação complexa e desapareçam como os padrões de fumaça de uma vela recém-apagada, sem levarmos nada disso para o lado pessoal nem termos que controlar à força o que está acontecendo.

No entanto, nada disso significa que deixaremos de agir com energia em face de circunstâncias prejudiciais e ameaçadoras. Tomar posições de coragem e baseadas em princípios diante de circunstâncias prejudiciais e ameaçadoras é uma parte íntima de uma vida de integridade, consciência e cuidado. De fato, dependendo da situação, agir de forma enérgica pode ser necessário, uma materialização de nossa clareza, sabedoria e compaixão.

Mas aí já não seria pessoal em qualquer sentido. Pelo contrário, seria uma manifestação de nossa plenitude e uma extensão natural de nossa prática de não separação.

As ilusões e a armadilha das profecias autorrealizáveis

O terceiro veneno, a ilusão, é o exato oposto da sabedoria.
É não ver as coisas como realmente são.

• • •

A ilusão surge do fato de não apreendermos nem compreendermos com clareza as relações entre acontecimentos diferentes e muitas vezes complexos, e, portanto, de não percebermos o que está realmente ocorrendo. Em vez disso, vivemos dentro de nossa pequena bolha narrativa do momento, com frequência tomando erroneamente causas por efeitos. Acabamos ficando aprisionados por pensamentos e emoções que são imprecisos e equivocados.

Com frequência nossas narrativas irrefletidas e ilusórias tornam-se profecias autorrealizáveis. Podemos sempre reunir todos os indícios que quisermos para provar um ponto de vista específico e então acreditar neles – ainda que claramente não sejam verdadeiros. Isso é ilusão. Vemos muito disso, em larga escala, na paisagem política e social.

Agora é sempre o momento certo

Entre ganância, aversão e ilusão, há muita coisa em que
prestar atenção. E podemos começar bem perto de casa.
Não precisamos criticar ninguém nem criticar a nós
mesmos ou levar tudo para o lado pessoal.

•••

O objetivo é simplesmente observar esses diferentes estados mentais em ação e seus efeitos sobre o corpo, voltando a atenção para o que você sente a cada momento. Como vimos, existe muita coisa a que voltar nossa consciência. É por isso que a atenção plena possui um poder tão transformador e terapêutico e tamanha capacidade de nos orientar e ajudar a crescer.

Essa capacidade está presente e acessível durante toda a vida. Não importa quão velho você era quando descobriu a prática da atenção plena nem quando ouviu pela primeira vez a palavra *mindfulness* e constatou que sentiu certa afinidade e atração pelo que a prática promete. Não importa, porque basicamente trata-se da promessa de retomar o controle da sua vida, ou, mais precisamente, de devolver sua vida a você. Isso pode acontecer em qualquer idade e em qualquer momento.

Agora é sempre o momento certo porque é o único momento que existe. É só conferir o seu relógio.

Inacreditável! Como isso acontece?

Já é agora de novo.

O "conteúdo" é "apenas isto"

Não apenas é sempre agora. O "conteúdo" dessa aventura que chamamos de vida, onde a atenção plena pode desempenhar um papel tão crucial, é sempre o que está se desenrolando neste momento, quer gostemos ou não do que está acontecendo.

...

O que quer que esteja surgindo neste momento se torna o conteúdo que vai nos libertar dos grilhões da ganância, da aversão e da ilusão. Não precisamos de um conto de fadas ideal ou romântico para nos dizer o que seria melhor para nós. Nossa maior necessidade é o que já nos foi dado: a realidade das coisas como são, no único momento que temos – este, agora.

E o segredo para apreender e compreender o que está acontecendo e nos libertarmos do impulso dos hábitos inconscientes da mente está em captar o momento em que ela registra, pela primeira vez, que algo é agradável, desagradável ou nem uma coisa nem outra. Esse é o filtro básico através do qual apreendemos todo e qualquer objeto a que voltamos nossa atenção. Conseguir estar atentos a esse mecanismo de avaliação que em geral é inconsciente e automático faz toda a diferença para o que vai acontecer no momento seguinte – em nossa mente e em nossa vida.

Achamos algo "agradável" quando desejamos que a conexão com o objeto a que voltamos a atenção seja sustentada e pensamos que sofreríamos se ela fosse interrompida. Queremos mais e, portanto, podemos facilmente resvalar para a ganância nesse momento se não nos limitarmos a perceber a qualidade agradável do objeto, simplesmente deixando que repouse na consciência.

Achamos algo "desagradável" quando desejamos que a experiência do momento termine e pensamos que sofreríamos se ela persistisse. Se automaticamente tentamos repeli-la ou reduzir sua duração, já recaímos na aversão.

E achamos algo "nem agradável nem desagradável" quando a experiência não possui nenhum desses atributos, sendo portanto difícil percebê-la inicialmente. Quando algo não é agradável nem desagradável, é fácil ignorá-lo e podemos com isso resvalar facilmente para a ilusão e a ignorância em relação ao objeto.

Assim, ter consciência da qualidade agradável, desagradável ou neutra de qualquer momento é o segredo para não cairmos nas garras da ganância, da aversão ou da ilusão – ou sairmos rapidamente delas quando inevitavelmente nos encontrarmos nelas, algo que acontecerá repetidas vezes. A atenção plena, aplicada no momento do contato com um objeto específico da atenção, põe um fim momentâneo ao sofrimento adventício desnecessário, porque o sofrimento não reside no fato de algo ser desagradável ou agradável, mas na aversão e na ganância que advêm disso – ou seja, no apego e na identificação.

Tudo isso pode se dissolver em um momento quando a consciência apreende o que está realmente acontecendo... como a bolha de sabão ao ser tocada pelo dedo.

Libertação do sofrimento neste momento.

Libertação da ganância, da aversão e da ilusão.

Agora, para o momento seguinte, que, claro, é este.

Devolvendo a sua vida a você

Na Clínica de Redução do Estresse, muitos dos
nossos pacientes costumam dizer que o treinamento em
atenção plena na forma de MBSR lhes devolveu a vida,
e eles são muito gratos por isso.

•••

Com frequência observamos que, embora isso possa ser verdade até certo ponto, também é verdade – talvez mais ainda – que nós não demos nada a eles. Todos os benefícios vieram de seu próprio esforço com a prática de meditação, da inspiração e do apoio das outras pessoas da turma, de sua disposição para estarem envolvidos na prática da atenção plena e a sustentarem-na como uma disciplina ao longo do tempo, e do fato de já serem plenos desde o início.

O florescimento da atenção plena na vida é sempre mais um desenvolvimento e uma integração do que já está aqui do que um acréscimo ou uma subtração de qualidades específicas. Para nossos pacientes na Clínica de Redução do Estresse, a atenção plena não é uma ideia bonitinha a que você recorre a cada vez que fica estressado. Tampouco é uma técnica de relaxamento. Na verdade, não é uma técnica coisa nenhuma. É uma forma de ser.

Assim, embora existam centenas, se não milhares, de diferentes técnicas de meditação, a meditação não consiste em técnicas.

As técnicas, quando entendidas e usadas de maneira apropriada, não passam de uma forma de despertar para a realidade do que já está aqui, oferecendo um meio mais hábil – ou seja, mais sábio – de se relacionar com ela.

Levando a atenção plena mais longe

Uma vez que você tenha estabelecido uma base na prática
formal e permitido que a própria vida seja o verdadeiro
mestre e a verdadeira prática, você poderá descobrir
que sua criatividade e sua imaginação naturais encontram
vários meios de levar a prática da atenção plena
para diferentes áreas da sua vida.

...

Se você é professor, é provável que saiba quão benéfico poderia ser ensinar aos seus alunos *como* prestar atenção e encorajá-los a cultivar uma maior consciência do corpo, dos pensamentos e das emoções tanto na sala de aula como em casa. É como ensiná-los a afinar seus instrumentos (de aprendizado, criatividade e conexão social) para que possam funcionar da maneira ideal quando forem tocados. Essa afinação e a música real que surge em todas as formas assumidas pelo aprendizado, a pesquisa, a investigação e a imaginação reforçam-se mutuamente no decorrer de dias, semanas, meses, anos e, de fato, por toda uma vida. A música não para de ficar cada vez mais rica.

A exposição ao treinamento em atenção plena por um professor habilidoso pode promover o equilíbrio emocional e a inteligência em crianças, adolescentes e jovens adultos. Pode fomentar a resistência ao estresse, a inteligência social e a cooperação – exatamente o que seria de esperar de cidadãos esclarecidos e engajados. Muitos professores universitários estão desenvolvendo programas inovadores que incorporam a prática de meditação como um requisito de "laboratório" e que investigam tradições de prática contemplativa e suas aplicações criativas através de uma enorme variedade de disciplinas de humanidades e ciências.

Assim, se você é um professor em qualquer nível, do pré-escolar à pós-graduação, a atenção plena pode ser uma aliada valiosa em muitos aspectos diferentes de seu trabalho e sua vocação. Pode também satisfazer algo profundo dentro de você que anseia por autenticidade, conectividade e uma criatividade que emerge como mais do que a soma dos seus componentes individuais. É profundamente satisfatório sentir o amor pelo aprendizado e a aventura da descoberta tornados vivos em sala de aula e vê-los se manifestar no trabalho e na vida de seus alunos pelo cultivo da atenção plena. Nós, professores, vivemos para isso.

Por razões semelhantes, a atenção plena pode ser uma aliada em praticamente qualquer profissão. Poucas profissões baseadas no desempenho não se beneficiariam de uma maior consciência dos elementos críticos que levam à produtividade ideal e à satisfação da equipe. O treinamento em atenção plena vem sendo usado pelas maiores empresas americanas para otimizar o desempenho em projetos em equipe e para catalisar o desenvolvimento de liderança, inovação, criatividade, inteligência emocional e comunicação eficaz.

As forças armadas também estão fazendo uso da atenção plena para lidar com os enormes custos sociais para as tropas e seus familiares, bem como para refinar o treinamento e instilar nos soldados maior resistência ao estresse e mais discernimento e controle em situações de contrainsurgência. Espera-se que esse treinamento reduza substancialmente as baixas civis durante operações de combate.

Presume-se que a atenção plena também possa ser profundamente útil no processo político, em que as forças intrinsecamente tóxicas da ganância, da aversão, da ilusão e do egocentrismo muitas vezes dominam e chegam a obliterar quaisquer boas intenções, a sabedoria, a integridade e a civilidade que possam ter um dia inspirado nossos políticos.

Mais perto de casa, trazer a atenção plena à criação dos filhos – sejam eles recém-nascidos, bebês ou crianças mais crescidas – pode proporcionar um vasto universo de opções para criarmos nossos filhos enquanto continuamos a nos desenvolver e crescer em nossas vidas. O mesmo vale para o parto, o cuidado com os idosos, os esportes, o domínio da lei e outras instituições sociais.

Assim, seja qual for sua profissão, sejam quais forem suas paixões na vida, você poderá descobrir que a atenção plena desvenda novos meios de aprimorar e otimizar sua eficácia e seu entusiasmo pelo trabalho, de alimentar sua criatividade inata e satisfazer sua necessidade de relacionamentos humanos satisfatórios baseados em autenticidade e boa vontade. Esses impulsos – se resultarem da reflexão profunda e do cultivo permanente através da prática e da experimentação – podem transformar o mundo de pequenas e grandes maneiras. Nesse sentido, cada um de nós é um agente de sabedoria e transformação, de novas percepções e cura, de criatividade e imaginação nessa rede interligada que denominamos humanidade.

Se seguirmos nosso coração e nossa sabedoria intrínseca, temos à nossa disposição, em nossa breve vida, todos os momentos necessários para nos responsabilizarmos pela maneira como escolhemos estar em relacionamento com tudo o que existe e poderia existir. Essa oportunidade nos convida a nos envolvermos do fundo do coração, cada um à sua própria maneira, em uma aventura constante no domínio do possível e do ainda não realizado.

PARTE IV

AMADURECER

As atitudes básicas da prática da atenção plena

Além da base ética em que repousa a atenção plena, existe um alicerce complementar calcado em atitudes.

• • •

Venho aludindo a essas atitudes o tempo todo ao falar da qualidade afetuosa da atenção e da necessidade de sermos gentis conosco e não nos julgarmos. Existem bem mais do que sete, mas estas sete atitudes são fundamentais. As outras – que incluem generosidade, gratidão, tolerância, perdão, gentileza, compaixão, alegria empática e equanimidade – desenvolvem-se pelo cultivo destas sete: não julgamento, paciência, mente de iniciante, confiança, não esforço, aceitação e desapego.

1. NÃO JULGAMENTO

Já vimos por que uma atitude de não julgamento é tão importante se quisermos enxergar além das ideias e opiniões automáticas – e em geral irrefletidas – que temos sobre quase tudo. Quando você começa a prestar atenção no que está em sua mente, logo descobre que basicamente tudo é algum tipo de julgamento. É bom estar consciente disso. Não é necessário julgar o julgamento ou tentar modificá-lo. Basta notá-lo. Aí então pode emergir o verdadeiro discernimento, uma visão das coisas como elas são. Não saber é similar a não julgar. Quando não temos a obrigação de imediatamente saber tudo, podemos estar abertos a ver com novos olhos.

Assim, quando você começar a praticar as meditações guiadas, observe com que frequência surgem diferentes tipos de julgamento. Você só precisa reconhecê-los.

2. PACIÊNCIA

Estamos sempre tentando chegar a algum outro lugar. Temos uma forte necessidade de estar a caminho de algum momento melhor, alguma época melhor, quando tudo vai começar a dar certo. Podemos ficar impacientes e obcecados com muita facilidade. Claro que isso nos impede de estar onde já estamos. O exemplo clássico é a criança que quer acelerar a saída da borboleta do casulo. Assim, inocentemente, ela descasca a crisálida, destruindo-a, sem qualquer compreensão de que as coisas se desenrolam em seu tempo.

A paciência é realmente uma atitude maravilhosa para trazer à prática da atenção plena, porque a prática já envolve, em algum sentido fundamental, sair totalmente do tempo. Quando estamos falando sobre o momento presente, estamos falando sobre agora. Estamos falando sobre o tempo "fora do relógio". Todos tivemos momentos assim. Na verdade, não temos nada além de momentos assim, mas ignoramos quase todos e apenas uma vez na vida e outra na morte experimentamos um momento desse tipo, quando parece que o tempo parou.

Mas na verdade podemos *aprender* a sair do tempo do relógio, a cair na qualidade atemporal do agora, através da prática da atenção plena. Isso pode nos oferecer bem mais tempo na vida. Por quê? Porque quando estamos atentos e habitamos cada momento, temos, em uma primeira aproximação, um número infinito deles entre o agora e o momento em que vamos morrer. Temos muito tempo para viver. Não há pressa. Podemos nos lembrar disso periodicamente e, assim, incorporar mais paciência em nossa vida.

3. MENTE DE INICIANTE

Já abordamos o valor dessa atitude. Talvez precisemos evocar nossa mente de principiante repetidas vezes, momento a momento, porque nossas ideias, opiniões e áreas de especialização obscurecem muito facilmente nossa capacidade de reconhecer o que não sabemos. Como vimos, repousar na consciência do *não saber* é incrivelmente importante para vermos com clareza e criatividade e para vivermos com integridade.

Em seu primeiro encontro com este livro e seus áudios, talvez você ainda tivesse uma mente de iniciante. Mas em algum ponto do caminho, e isso é inevitável, você pode perder essa atitude por um tempo.

Talvez com a prática e leitura constante você venha a pensar que sabe algo sobre meditação. Se isso ocorrer, você provavelmente perdeu sua mente de iniciante por um momento. Assim, talvez seja mais sensato manter em mente que qualquer um sabe muito pouco sobre meditação. Se você encontrar monges e monjas experientes, talvez altos lamas da tradição tibetana ou mestres de outras tradições, eles invariavelmente vão lhe dizer que sabem muito pouco. Eles costumam exibir grande humildade e modéstia. Pode ser que digam: "Você deveria estar estudando com outra pessoa." Lamas com décadas de prática e ensino em meditação podem dizer: "Na verdade não sei nada." E não estão brincando nem isso é falsa modéstia – é o sinal de uma mente de iniciante. Um mestre Zen é famoso por ter descrito seus quarenta anos de ensino como "vender água à beira do rio".

A mente de iniciante é uma atitude. Não significa que você não saiba nada, mas apenas que você é suficientemente espaçoso neste momento para não se deixar capturar pelo que já sabe ou experimentou em face da enormidade do que é desconhecido.

Se você pensar na beleza e na alegria das crianças, parte delas advém do frescor da mente de iniciante. O desafio para nós, adultos, é conseguirmos perceber cada momento e reconhecê-lo como algo novo e, portanto, interessante – afinal, jamais o vimos antes. Se você adotar uma atitude de "Se você viu um momento, já viu todos", vai ficar muito entediado no cultivo da atenção plena. Claro que mesmo isso não precisa ser o fim da jornada. Você pode simplesmente estar consciente de quão entediado está ao observar sua respiração ou seus pensamentos, por exemplo. E, como vimos, nessa consciência você pode se perguntar: "A minha consciência do tédio está entediada?" Se você investigar com cuidado, a resposta provavelmente será: "De jeito nenhum." Sua consciência não é capturada por seu tédio.

Na verdade, com a atitude da mente de iniciante, o tédio pode se tornar algo incrivelmente revelador. Ao observá-lo, você pode constatar que ele se dissolve em algo bem mais interessante, outro estado mental. Isso vale também para praticamente todos os outros estados mentais, inclusive aqueles pelos quais nos sentimos completamente tiranizados ou de que temos tanto medo que nem sequer somos capazes de reconhecer: "Quem, eu? Amedrontado? Assustado? Tenso? Eu, não." Você consegue ouvir a história do "Eu, não"? Essa é a história do "Eu, sim".

4. CONFIANÇA

A quarta atitude básica da atenção plena é a confiança. Mais uma vez, essa não é uma noção barata de confiança. Podemos perguntar: O que é digno de confiança? Podemos confiar no que sabemos? Podemos confiar que sabemos que não sabemos? Podemos confiar que as coisas se desenrolam em seu próprio tempo e que não precisamos consertar tudo – nem mesmo alguma coisa? Podemos confiar em nossa intuição em face da contestação dos outros? Podemos confiar em quem somos?

Por outro lado, você pode confiar no que pensa? Pode confiar em suas ideias e opiniões? Com frequência elas não são confiáveis, pois é muito fácil entender tudo errado, ver as coisas de maneira equivocada. Talvez o que você julga ser verdade seja real apenas até certo ponto. Será? Será que não estamos cegos para novas possibilidades por causa da suposição irrefletida de que nossa visão é absolutamente verdadeira?

Se você não pode confiar inteiramente no que pensa, que tal confiar na consciência? Que tal confiar no seu coração? Que tal confiar em sua motivação de ao menos não prejudicar ninguém? Que tal confiar em sua experiência até ficar provado que ela é imprecisa – e então depois confiar *nessa* descoberta?

Que tal confiar nos seus sentidos? Como você sabe, todos os sentidos podem ser enganados. Então talvez não possamos ter confiança absoluta nos sentidos nem nas aparências. Mesmo assim, talvez possamos tentar nos treinar a estar um pouco mais em contato com nossos sentidos para ver se conseguimos desenvolver maior intimidade com o que revelam se estivermos em sintonia com eles. Isso, é claro, é o mesmo que aprender a confiar no corpo.

Você pode confiar no seu corpo? Você confia nele? E se seu corpo teve câncer no passado ou tem câncer agora? Há ainda espaço para a confiança? Existe a sensação de que, mesmo assim, ele pode estar mais certo do que errado – não importa o que esteja errado? Talvez a sua atitude possa mobilizar o que está certo no seu corpo para você levar a vida o mais plenamente possível, mesmo sem saber o que vai acontecer. Podemos confiar nesse não saber? Às vezes sim, talvez; às vezes não; outras vezes não sabemos. Pode ser que esse "não sabemos" seja, ele mesmo, algo em que você pode confiar.

5. NÃO ESFORÇO

A quinta atitude – que pode ser uma grande dificuldade para algumas pessoas – é o não esforço. Não se esforçar? De que você está falando? Isso pode até parecer algo realmente subversivo. Muita gente valoriza o empreendedorismo, a disposição para realizar coisas. Poderíamos renomear nossa espécie como "fazedores humanos". Cultivamos a ação, o progresso, sempre querendo chegar a algum ponto. Assim, como já vimos, a ideia de que na prática de meditação não existe lugar a ir, nada a fazer e nada a alcançar pode ser bem estranha e misteriosa para nosso temperamento esforçado e nossa necessidade de estarmos sempre melhorando.

O não esforço está ligado à qualidade atemporal do momento presente que chamamos de agora. Quando habitamos o presente na prática formal de meditação, realmente não existe lugar a ir, nada a fazer e nada a alcançar. A meditação não se assemelha a nada com que você já tenha se envolvido, como aprender a dirigir um carro, por exemplo, em que as ações se tornam automáticas, uma habilidade sobre a qual nunca se precisa pensar. Talvez por isso ocorram 50 mil acidentes de trânsito fatais nos Estados Unidos a cada ano. Em qualquer momento, talvez a maioria dos motoristas esteja com a cabeça em outro lugar, dificilmente no carro. Podemos estar dirigindo por aí sem prestar atenção, talvez absortos até certo ponto em uma conversa no celular ou no que estamos ouvindo no rádio. E ainda que você não esteja ao telefone ou distraído de algum outro modo, bem, em certo sentido a mente costuma estar perdida em pensamentos, conversando consigo mesma. Então talvez, se é você quem está ao volante, seja uma boa ideia telefonar para si próprio – via sua "rede interior da atenção plena"– e se lembrar de permanecer em contato com o que está se desenrolando do outro lado do para-brisa momento a momento.

O não esforço não é algo trivial. Envolve perceber que você já está aqui. Não existe lugar a ir, porque o único plano é simplesmente estar consciente. Não se trata de algum ideal sugerindo que, após quarenta anos sentado em uma caverna no Himalaia estudando com mestres sublimes ou depois de fazer 10 mil prostrações – ou seja o que for –, você estará necessariamente melhor do que agora. É provável que esteja apenas mais velho. O que acontece agora é o que importa. Se você não prestar atenção agora, como disse Kabir, o grande poeta indiano do século XVI, "simplesmente acabará com um apartamento na Cidade da Morte". T. S. Eliot exprimiu-o nestes termos em "Quatro Quartetos", seu último e maior poema: "Ridículo o tempo triste desperdiçado / Estendendo-se antes e depois."

Mesmo o mínimo lembrete a nós mesmos de que "é só isto", de que estamos vivos agora, de que já estamos aqui, pode fazer uma enorme diferença. Pois na verdade, como vimos, o futuro aonde desejamos chegar... já está aqui. É só isto! Este momento é o futuro de todos os momentos anteriores em sua vida, inclusive aqueles em que você pensou sobre o futuro e sonhou com ele. Você já está nele. Ele se chama "agora". Seu relacionamento com este momento influencia a qualidade e o caráter do próximo. Dessa forma, podemos moldar o futuro ao cuidar do presente. Que oportunidade extraordinária!

Qual o propósito da vida? Será apenas chegar a algum lugar e aí, depois de estar lá, perceber que você continua insatisfeito e agora quer estar em outro lugar? Se não formos cautelosos, pode sempre parecer que existe um momento melhor além do horizonte: "Quando eu me aposentar, quando me formar na escola ou na faculdade, quando tiver dinheiro suficiente, quando me casar, quando me divorciar, quando as crianças crescerem..." Espere aí... É só isto! Esta é a sua vida. Você só possui este momento. Todo o resto é lembrança (que também está aqui agora) e expectativa (que também está acontecendo aqui e agora). Este momento é tão bom quanto qualquer outro. Na verdade, é perfeito. Perfeitamente o que é. E isso inclui tudo que você poderia considerar imperfeições.

Como vimos, não se esforçar certamente não significa não saber realizar inúmeras coisas. Muitos meditadores de longa data conseguem executar um trabalho excelente e importante no mundo, em uma variedade de formas e locais, em todas as profissões e vocações concebíveis. O desafio para todos nós é descobrir se nossas ações estão vindo do ser, ao menos em certa medida. É uma forma de arte em si mesma: a arte da vida consciente ou atenta. Mais uma vez, como já vimos, a própria vida se torna a verdadeira meditação.

Não se trata de uma idealização da prática. Ela é bem real e, muitas, vezes conturbada. Não se trata de alcançar algum estado especial de bem-aventurança ou quietude. É um desafio constante, sempre revelando áreas novas e mais sutis de identificação e apego – como a própria vida. É algo difícil.

Entretanto, a alternativa à atenção plena tende a ser bem mais difícil e muito mais problemática. Ter ao menos a pretensão de viver de maneira consciente já é uma grande chance, renovável a cada momento, de ter maior equilíbrio emocional, maior equilíbrio cognitivo e maior clareza da mente e do coração. Também é uma forma de inteligência relacional e, portanto, à medida que a incorporamos, passamos a dar menos trabalho às pessoas à nossa volta.

6. ACEITAÇÃO

Isso nos traz à sexta atitude básica da atenção plena: aceitação. Trata-se de um valor que costuma ser mal interpretado com frequência. As pessoas podem achar que falar em aceitação significa que, aconteça o que acontecer, devem "simplesmente aceitar". Ninguém está dizendo: "Simplesmente aceite." Como vimos, especialmente em relação a circunstâncias terríveis, aceitar é uma das coisas mais difíceis do mundo. Em última análise, significa perceber como as coisas são e encontrar meios sensatos de se relacionar com elas. E depois agir, do jeito que for apropriado, com base nessa clareza de visão.

Aceitação não tem nada a ver com resignação passiva – longe disso. Se as coisas estão dando muito errado, esse conhecimento – essa consciência – de que está tudo dando errado pode nos oferecer uma base, um lugar onde podemos tomar uma posição, uma orientação para descobrir qual é a ação apropriada para o momento seguinte. Mas, se você não enxerga nem aceita as coisas como realmente são, não saberá como agir. Ou poderá se deixar dominar pelo medo, e esse medo pode obscurecer a mente quando você mais precisa de clareza e equanimidade – ou, se clareza e equanimidade parecerem inalcançáveis, justo quando você precisa estar ciente do medo para poder encontrar meios de enfrentá-lo em vez de ser subjugado por ele. Assim, a aceitação é todo um universo em si mesma e um compromisso para a vida inteira.

Digamos que você sofra de uma doença crônica nas costas e esteja constantemente dizendo a si mesmo: "Minha vida acabou." Talvez você esteja pensando isso em relação à época em que não tinha a tal doença: "Isto arruinou minha vida." Tudo isso pode ser verdade até certo ponto, mas será que você não vê que essa atitude elimina tanto as opções para o presente quanto para o futuro? Será que não vê que ela conta uma história muito limitada e que você pode facilmente ficar preso nela, inclusive correndo o risco de ser levado à depressão e ao desespero – uma história que pode se alimentar de si mesma e se perpetuar, prosseguindo indefinidamente, sem mudança significativa à vista? Esse fluxo de pensamentos é conhecido como *ruminação depressiva* e não é um caminho saudável de se seguir.

Por outro lado, imagine que você simplesmente tome *este* momento em que está e mantenha a consciência dele como é, incluindo qualquer desconforto que esteja sentindo. Será que você percebe que então a história já não é mais aquela pequena, limitada e inflexível? Aquela história pode ainda estar aqui – e pode até ser verdadeira até certo ponto. Mas agora você tem uma história bem maior, com uma perspectiva bem mais ampla, admitindo muito mais possibilidades. Se você puder aceitar as coisas como são agora, o momento seguinte já será diferente. Isso o liberta instantaneamente de todas as narrativas com que constantemente nos sobrecarregamos e que não contam a história toda. A prática pode nos trazer de volta às sensações do corpo no momento presente. Ela se baseia na experiência, no corpo, no agora. É generosa, sábia e está aberta às possibilidades, ao não saber.

A aceitação a que estamos nos referindo é uma expressão da sabedoria vivida. Não que seja fácil aceitar o que quer que esteja acontecendo, especialmente se for algo muito desagradável. Mas você pode entender que passar a combinar consciência e aceitação imediatamente nos liberta das narrativas em nossas cabeças que dizem: "Preciso de tais e tais condições para que este momento seja feliz." Uma orientação desse tipo se baseia no apego a ideias, opiniões e pensamentos. Mas o apego é o oposto da aceitação. Quando deixamos de achar que as coisas têm de se manifestar exatamente como achamos que têm para sermos felizes ou mesmo para termos consciência delas no momento presente – quando conseguimos manter a consciência do que está acontecendo, seja uma situação agradável, desagradável ou neutra, e permitir que as coisas sejam exatamente como são –, então de repente torna-se possível habitarmos plenamente este momento sem tentar obrigá-lo a ser diferente. Como vimos, essa rotação cognitiva é a própria liberdade, já é um momento de libertação. E isso advém da aceitação, mas não de qualquer mera aceitação. Certamente não se trata de uma resignação passiva, nem de transformar-se num capacho e deixar o mundo, a vida, as outras pessoas passarem por cima de você. Trata-se apenas de apreender a realidade das coisas para que você tenha discernimento sobre o que é o quê – e saiba inclusive o que não sabe.

Depois, no momento seguinte, você pode agir, se for apropriado. Mas suas ações terão base na atenção plena, no coração, em algum tipo de inteligência emocional, em vez de serem apenas uma reação sequestrada pelo que você acha que não pode aceitar. E, mesmo que a sua ação não seja tão consciente quanto esperava que fosse, você terá aprendido algo com ela.

Pode demorar muito tempo até você vir a aceitar certas questões – geralmente as mais difíceis, as mais traumáticas. Às vezes você pode ter que experimentar a negação por um tempo. Às vezes pode ter que passar pela raiva ou pela fúria, outras vezes pode ter que enfrentar e aceitar a sua dor. Mas, no fim das contas, o desafio é: "Será que eu consigo aceitar as coisas do jeito que são, momento a momento?" "Será que consigo aceitar as coisas do jeito que elas são *agora*?"

7. DESAPEGO

A última atitude básica da prática da atenção plena é o desapego. Desapegar significa "deixar estar". Não significa empurrar as coisas para longe nem nos forçar a soltar aquilo a que nos apegamos, aquilo a que estamos mais fortemente ligados. Pelo contrário, trata-se de não se identificar (em particular não se apegar aos resultados), deixar de ansiar tanto por aquilo que queremos, por aquilo a que já estamos apegados ou que simplesmente *temos que conseguir*. Também significa não se apegar ao que mais detestamos, àquilo que nos desperta enorme aversão. A aversão nada mais é que outra forma de apego, um apego negativo. Tem a energia da repulsa, mas é igualmente um apego. Quando deliberadamente cultivamos a atitude de deixar as coisas serem como são, reconhecemos que somos bem maiores e mais espaçosos do que aquela voz que vive dizendo "Isto não pode estar acontecendo" ou "As coisas precisam acontecer *assim ou assado*". Quando permite que as coisas sejam como são, você se alinha com aquele domínio do ser que é a própria consciência, pura consciência. Essa é a afirmação de que, por um momento, você não é mais o produto de seus pensamentos e de sua fixação doentia nos pronomes pessoais. Até os pensamentos e o egocentrismo podem ser abarcados pela consciência. Não precisam ser perseguidos, rejeitados ou temidos. São apenas pensamentos, acontecimentos no campo da consciência. Mesmo assim, a consciência consegue contê-los de modo que não precisem mais nos aprisionar. Não precisamos ser vítimas dos nossos desejos eternos e insaciáveis. Quando vemos isso, podemos abrir mão de nossos anseios e temores, podemos deixar as coisas serem como são, podemos nos abandonar no ser – e ser esse conhecimento. Já não precisamos afastar nada.

Gradualmente podemos perceber que essa talvez seja a única abordagem sensata, lúcida e saudável em relação às nossas experiências. Ela é imediatamente libertadora. Quanto mais nos desapegamos, mais profundo é o nosso bem-estar.

Essa atitude de deixar as coisas serem como são, de não apego, não implica uma condição de distanciamento reativo nem deve ser confundida com passividade, com comportamentos dissociativos ou tentativas de se separar, ainda que só um pouquinho, da realidade. Não é uma condição patológica de afastamento para se proteger. Tampouco é niilista. É exatamente o oposto: uma condição altamente saudável do coração e da mente. Significa abraçar o todo da realidade de um jeito novo. Mas, como a atenção plena e todas as outras atitudes básicas, não é um estado especial ou um ideal. É uma forma de ser que se desenvolve com a prática.

E temos muitas oportunidades de praticar.

PARTE V
PRÁTICA

Iniciando a prática formal

Ao passar à prática propriamente dita, com as meditações guiadas em áudio (disponíveis em www.sextante.com.br/atencaoplenaparainiciantes), você vai cultivar a atenção plena momento a momento, acompanhando minha voz e o objeto a que lhe sugiro voltar a atenção.

...

Você vai perceber que se trata de prestar atenção da melhor maneira possível, sem julgamentos, mas com grande discernimento, ao desenrolar de diferentes aspectos de sua experiência em qualquer momento. Lembre-se de que a consciência é sempre o mais importante! Ela também é o denominador comum entre a seleção de meditações. Talvez seja bom pensar nelas como diferentes portas para o mesmo aposento, que, em última análise, é o aposento do seu próprio coração.

A melhor forma de se dedicar a este programa e cultivar uma prática consistente de atenção plena é reservar um tempo diário para a prática formal de ao menos uma das meditações guiadas. Faça-o como se sua vida dependesse disso. Mas você só vai perceber os resultados reais praticando regularmente ao longo de dias, semanas, meses, anos. Como a prática se resume a estar completamente presente em sua vida no único momento de que você dispõe para viver, faz sentido lembrar que qualquer coisa de que tenha que abrir mão temporariamente para praticar não é nada em comparação com os benefícios de habitar sua vida como se ela realmente importasse. Realize a prática como se ela fosse um experimento.

Sugiro que você se dê ao menos seis meses de prática diária, quer goste ou não, quer sinta vontade ou não. Embora esse tempo possa parecer longo, na verdade ele está sendo oferecido a você como um meio de cultivar os elementos mais importantes de seu ser, facilmente abandonados no impulso da aparente urgência dos compromissos pessoais, das responsabilidades e dos nossos hábitos irrefletidos. Se este pedido faz sentido, faça-o por você e por amor à sua vida, não para "se aperfeiçoar" e ser uma pessoa melhor. Você não pode ser uma pessoa "melhor" porque já é perfeito do jeito que é, incluindo todas as suas "imperfeições". Você já é pleno. Mesmo assim, pode incorporar a plenitude de seu ser bem mais do que talvez considere possível: bem além de seus pensamentos e hábitos mentais; além das narrativas limitadoras, das narrativas aquisitivas e das narrativas viciantes que podem às vezes dominar a paisagem da sua vida.

O ideal é que você consiga reservar um tempo e um lugar sagrado em sua casa para praticar diariamente, um horário que seja só seu, para apenas ser. As meditações guiadas não são tão longas assim, portanto é bom se entregar à qualidade atemporal do momento presente sempre que praticar. É a qualidade de sua motivação que dá o tom de sua abertura a experimentar o que quer que surja, quer seu objeto principal da atenção sejam as sensações da respiração, o corpo como um todo, os sons, os pensamentos ou as emoções. Outra possibilidade é praticar o repouso na pura consciência, algo que, como você logo verá, também recebe outros nomes: "atenção sem objeto", "consciência sem escolha", o método do não método.

Seja qual for a prática de meditação que você esteja realizando, sugiro que siga minhas instruções da melhor forma possível, mantendo em mente que elas apontam para elementos em constante mudança na paisagem interior. Por esse motivo, é importante atentar ao máximo, momento a momento, para aquilo que estou apontando. Assim é possível construir uma experiência direta e viva do objeto de foco naquele momento e do próprio ato de prestar atenção em vez de apenas seguir instruções do que pode acabar parecendo um guia turístico. Não se trata de observar passivamente, mas de *ver* a visão. Trata-se de *ouvir* os sons que chegam aos seus ouvidos e o silêncio por trás deles e entre eles. Trata-se de *sentir* seu corpo. Trata-se de *estar consciente*.

Embora possa parecer que existe muito "a fazer" nessas meditações guiadas, nada disso envolve fazer algo ou chegar a algum ponto. Envolve apenas ser. Envolve entregar-se ao momento presente e à sua experiência, repetidamente, dia após dia, momento a momento, ano após ano. Depois de algum tempo, torna-se uma forma de ser de que você não mais será capaz de abrir mão, como escovar os dentes diariamente ou estar em contato com seus filhos. A disciplina pode até se tornar natural. Mas é necessário bastante tempo para que ela possa se enraizar, até mesmo algumas décadas... pelo menos.

E, é claro, uma vez que a tenha dominado, é uma boa ideia praticar ocasionalmente por conta própria, sem minha orientação.

QUATRO RECOMENDAÇÕES SIMPLES PARA A PRÁTICA FORMAL

Portanto aqui estão algumas orientações para você começar e sugestões de como lidar com alguns dos desafios comuns no início da prática de meditação:

1. Postura

A postura do seu corpo durante a prática formal é importante. Convém adotar uma postura que incorpore o ato de despertar, especialmente se você estiver com sono. Isso significa não praticar deitado, embora essa posição possa ser ótima para cultivar a consciência e a vigília, como fazemos em várias varreduras do corpo e meditações deitadas. Se você fixar sua intenção no início da prática em "cair desperto" em vez de "cair no sono", então não há problema em experimentar a prática deitada. Embora também se possa meditar formalmente de pé ou caminhando, uma postura que incorpora a vigília geralmente pressupõe estar sentado de tal forma que as costas estejam eretas mas relaxadas, com os ombros e braços pendendo livremente, a cabeça ereta e o queixo ligeiramente recolhido. Você pode sentar em uma cadeira de espaldar reto ou numa almofada no chão. Sente-se em uma postura que corporifique, de forma natural e fácil, sua dignidade e seu estado de presença.

Caso escolha uma cadeira, tente se sentar com os pés descruzados, apoiados no chão e, se possível (nem sempre é possível), com as costas afastadas do espaldar, para que sua postura se mantenha por si própria, com a espinha dorsal se elevando a partir da pélvis.

Se você optar por uma almofada no chão, precisará de um apoio para os joelhos. Um *zabuton* (uma esteira acolchoada) sob um *zafu* (almofada de meditação redonda) é uma boa solução. Se escolher sentar num *zafu*, escolha um com altura adequada para o seu corpo. A ideia é se sentar no terço dianteiro da almofada, com a bacia inclinada ligeiramente para baixo, permitindo que a curva lordótica natural na parte inferior das costas se mova um pouco para a frente e para cima. Seus joelhos podem tocar ou não o chão (ou o *zabuton*), dependendo da flexibilidade de seus quadris. Para maior conforto, talvez você queira apoiar seus joelhos em um acolchoamento extra se não estiverem confortavelmente repousados.

Você pode colocar as pernas em diferentes posições. Elas podem se dobrar na chamada posição birmanesa, com as canelas repousadas uma na frente da outra. Essa é a postura mais fácil e, portanto, a que menos costuma causar sensações desagradáveis se for mantida por períodos mais longos.

Você também pode fazer várias coisas com as mãos. Em geral mantenho as minhas juntas no colo, com os dedos da mão esquerda repousando sobre os da mão direita e os polegares repousando um (esquerdo) sobre o outro (direito) ou com as pontas se tocando. Essa última posição constitui o que se denomina "*mudra* cósmico", criando uma forma oval com as mãos e os dedos. Existem também vários outros *mudras* que você pode testar, como manter suas mãos sobre os joelhos, com as palmas para cima ou para baixo.

Lembre-se de que não é a posição das mãos o mais importante, mas a consciência da sensação das mãos em qualquer posição. Dessa forma, as mãos, assim como as pernas e as costas, começarão a iluminar para você a paisagem de seu corpo e as várias qualidades sensoriais associadas à variedade de formas como o corpo pode se posicionar, tanto na meditação formal quanto na vida diária.

2. O que fazer com os olhos

Você pode estar consciente com os olhos fechados ou com os olhos abertos. Portanto, pode meditar de uma forma ou de outra. Ambas as opções têm suas vantagens, de modo que você pode querer testar as duas.

Se você se sentar com os olhos abertos, é bom deixar seu olhar incidir, sem focalizá-lo, no chão cerca de um metro à frente ou na parede, caso esteja sentado diante de uma, como costumam fazer os praticantes de certas tradições Zen. Deixe o olhar imóvel e relaxado. Não se trata de fixar algo, mas de um simples convite para experimentar o objeto da atenção escolhido momento a momento, seja ele qual for, e manter-se consciente, com os olhos abertos.

3. Sonolência

Obviamente, se você estiver com sono, é melhor sentar de olhos abertos. Mas é ainda melhor dedicar à prática um horário do dia em que esteja bem desperto. Essa é uma boa razão para meditar de manhã cedo, após uma boa noite de sono. Você também pode lavar o rosto com água fria antes, se estiver sonolento – ou mesmo tomar uma ducha fria revigorante. Como estar desperto é importante para você – ou não teria chegado a este ponto do livro e da prática –, faz sentido tentar deixar tudo nas melhores condições possíveis para estar plenamente presente.

Obviamente, não temos muito controle sobre certas condições, como os ruídos no ambiente. Mas, mais uma vez, o mais importante é a qualidade da sua atenção e da sua consciência, sem se preocupar com condições ideais. Mesmo assim, no início será bom se você puder minimizar a sonolência e, na medida do possível, os barulhos em seu ambiente externo. Haverá distrações suficientes interior e exteriormente, por mais que você tente controlar o ambiente à sua volta.

4. Proteja esse momento

É melhor que você não seja interrompido no momento escolhido para a prática formal. Desligue o celular e o computador. Feche a porta e deixe que as pessoas saibam que não devem interrompê-lo nesse momento. Esse é outro ótimo motivo para praticar de manhã cedo, antes que os outros esperem algo de você, quando o tempo pode ser completamente dedicado a apenas ser – um momento para não fazer nada e simplesmente cultivar a atenção plena e a emoção que vem do coração.

Atenção plena ao se alimentar

•••

PRÁTICA GUIADA
Áudio 1
Atenção plena ao se alimentar

•••

Dados a epidemia de obesidade e os hábitos alimentares nada saudáveis em nossa sociedade, existe agora todo um campo na psicologia preocupado em cultivar maior atenção ao ato de comer e a todos os comportamentos associados a ele, como a escolha dos alimentos, o tamanho das porções, a duração das refeições, as convenções e pressões sociais, a regularidade da alimentação e os pensamentos e emoções inconscientes e irrefletidos relacionados à comida.

Mas não é por esse motivo que nosso ponto de partida é uma meditação durante o ato de comer. Começamos com a atenção plena à alimentação porque esse pequeno exercício tem o potencial de nos dizer muito sobre o que não nos permitimos experimentar na vida, indo bem além da comida.

Nessa meditação guiada, deixamos que uma uva-passa se torne o objeto principal da atenção e experimentamos o universo dos sentidos e do corpo em relação a ela, com detalhes que não costumamos observar e bem mais devagar do que comeríamos normalmente. A passa se torna também o mestre de meditação, potencialmente revelando aspectos de seu relacionamento com a comida e do ato de comer que com frequência não vêm à tona, à superfície da consciência.

O desafio nessa meditação guiada – e sua beleza – é simplesmente estar presente em cada momento como ele é: para a visão, o cheiro, a sensação da passa na mão e nos dedos, para a expectativa de comê-la e a forma como se manifesta no corpo e na boca, para a sensação de levá-la à boca e "recebê-la", para a mastigação lenta e deliberada, para seu gosto momento a momento e o modo como se transforma com o tempo, para sua deglutição quando o impulso de engolir surge e você responde a ele, para todos os pensamentos e emoções que podem surgir em diferentes pontos ao longo do processo e para o período que vem depois de engoli-la. Ao mesmo tempo, esse é um convite para ser o saber, para incorporar aquele que testemunha o desenrolar da experiência e repousar na consciência a cada momento.

Atenção plena à respiração

...

PRÁTICA GUIADA
Áudio 2
Atenção plena à respiração

...

Podemos trazer a mesma qualidade de atenção que trouxemos à uva-passa (a degustação direta, momento a momento, não racional e livre de julgamentos da experiência, qualquer que ela seja) à sensação da respiração movendo-se para dentro e para fora do corpo.

Nessa prática, deixamos tudo, menos a respiração, em segundo plano, na periferia, por assim dizer, enquanto colocamos as sensações da inspiração e da expiração no palco central da consciência. Voltamos nossa atenção às sensações da respiração no corpo, onde quer que sejam mais fortes. Pode ser nas narinas, à medida que você sente o ar passando para dentro e para fora do corpo; na barriga, conforme a parede abdominal se expande suavemente a cada inspiração e se recolhe a cada expiração; ou onde elas sejam percebidas com maior facilidade.

Sentir a respiração é bem diferente de pensar sobre ela, e é sua *sensação* que estamos convidando para o primeiro plano. Da melhor forma possível, "cavalgamos" as ondas da respiração com a atenção à medida que o ar se move para dentro e para fora, ao longo de toda a duração de cada inspiração e de cada expiração.

Ao nos distrairmos da respiração, o que certamente acontecerá, simplesmente observamos o que está em nossa mente no momento em que nos damos conta disso. Então, de forma delicada e persistente, trazemos a atenção de volta à sensação da respiração, à parte do corpo em que decidimos nos concentrar. Repetimos isso cada vez que descobrimos que a mente se desviou da respiração. E o fazemos da melhor maneira possível, sem julgamentos, sem tentarmos ser "perfeitos" de alguma forma. Não estamos tentando nos tornar um "bom meditador" ou um "meditador melhor". Não estamos tentando nos tornar nada. Estamos apenas tomando consciência do que está se desenrolando momento a momento ao trazermos a atenção a essa tarefa simples (mas não tão fácil) de sentir a respiração no momento presente – momento após momento, respiração após respiração.

Outra forma de ver esse exercício é simplesmente deixar o corpo respirar por si só – lembrando que a respiração não é o mais importante aqui. O que é de suma importância é a consciência e a qualidade de sua experiência do que está se desenrolando momento a momento. Claro que a respiração é importante, mas, em primeiro lugar, é a própria consciência que está sendo cultivada aqui.

Na verdade, é um ato enorme e radical de amor e bondade dedicar algum tempo diário a uma prática assim: repousando no ser, completamente desperto. É claro que você pode entrar em contato com a sua respiração por breves momentos ao longo do dia e, assim, trazer uma consciência maior ao desenrolar de sua vida diante das circunstâncias em que se encontra.

Com uma consciência maior, pode ser que você se descubra fazendo escolhas diferentes sobre a maneira como vai se relacionar com suas experiências da vida diária no trabalho, na família, sozinho e com os outros.

Atenção plena ao corpo inteiro

•••

PRÁTICA GUIADA
Áudio 3
Atenção plena ao corpo inteiro

•••

Nesse ponto da prática, expandimos o campo da consciência ao redor da respiração até incluir a sensação do corpo como um todo, sentado e respirando.

As sensações nas diferentes partes do corpo podem ser agradáveis ou desagradáveis, confortáveis ou desconfortáveis, ou tão neutras que você mal consegue percebê-las. Apenas mantenha a consciência delas, momento a momento, sem fazer nada e especialmente sem tentar alcançar nada nem repelir nada. Não estamos tentando relaxar, não estamos tentando chegar a lugar algum e com certeza não estamos tentando cessar os pensamentos. Estamos apenas repousando na consciência das coisas exatamente como são.

Quando a mente se perder, apenas perceba o que passou a ocupar sua atenção naquele momento e suavemente volte a colocar a sensação do corpo inteiro respirando no centro da consciência. Isso deve ser feito repetidamente, pois é da própria natureza da mente se desviar do objeto básico da atenção. O que não significa que você seja um "mau" meditador.

Lembre-se de que a natureza da mente, assim como a do mar, é ondulante. O desafio, como sempre, é repousar na consciência.

Atenção plena aos sons, pensamentos e emoções

•••

PRÁTICA GUIADA
Áudio 4
Atenção plena aos sons, pensamentos e emoções

•••

Assim como podemos trazer a atenção para uma uva-passa na boca, para as sensações da respiração no corpo ou para o corpo como um todo, podemos trazê-la ao que está chegando aos nossos ouvidos – o campo de todos os sons e dos espaços entre eles.

O desafio é simplesmente ouvir o que houver para ser ouvido. Não vamos procurar sons específicos nem privilegiar certos sons em relação a outros por serem mais agradáveis. Estamos apenas deixando que os sons venham até nós. Assim nos entregamos por completo à paisagem sonora, prestando atenção no que estamos ouvindo: os sons, os espaços entre eles e o silêncio dentro e por trás de todos os ruídos. Mais uma vez, o principal aqui é a consciência, não os sons, seus pensamentos sobre de onde estão vindo, sobre quais você prefere ou suas reações emocionais a eles. O desafio é simplesmente repousar na consciência, ouvindo o que houver para ser ouvido, momento a momento.

A partir daqui, a meditação guiada volta o foco da atenção aos pensamentos e emoções exatamente da mesma forma que estávamos fazendo com os sons: como acontecimentos no campo da consciência.

Os pensamentos podem ter qualquer conteúdo ou intensidade emocional. Podem ser sobre o passado, sobre o futuro ou mesmo sobre o fato de você não estar encontrando muitos pensamentos, agora que deveria estar consciente deles – o que, é claro, também é um pensamento. O objetivo não é procurá-los, mas ser mais como um "espelho de pensamentos", simplesmente permitindo que eles sejam registrados pela consciência enquanto surgem, permanecem ali por um tempo e se dissolvem – permitindo que a consciência abarque quaisquer pensamentos e emoções da melhor forma possível, sem levar nenhum deles para o lado pessoal, como se os pensamentos fossem meros sons ou padrões meteorológicos na mente.

Claro que podemos trazer a atenção plena de volta aos pensamentos e emoções no decorrer do dia, depois de cultivarmos sua consciência mediante essa prática mais formal. Isso pode ser realizado em qualquer lugar, a qualquer hora, sob quaisquer circunstâncias.

A prática da atenção plena a pensamentos e emoções pode ser bem desafiadora, porque é muito fácil se deixar capturar pelo *conteúdo* dos pensamentos e emoções e ser arrastado pelo fluxo de associações. Mas, de novo, esse aspecto não é mais nem menos desafiador do que qualquer outro na prática. O importante é se lembrar de não levar o conteúdo dos pensamentos, a narrativa interior e o diálogo da mente para o lado pessoal. O principal é ter consciência do que está ocorrendo. Não estamos tentando mudar os pensamentos, substituir alguns por outros diferentes, fugir deles ou suprimi-los, como se não "devessem estar acontecendo". Pelo contrário, estamos estendendo o tapete de boas-vindas para todos eles e simplesmente tomando consciência de que os pensamentos são apenas pensamentos e as emoções são apenas emoções – independentemente de seu conteúdo ou sua carga emocional.

A consciência dos pensamentos e emoções é como a consciência das sensações do corpo e dos sons. Quando permanecemos nelas, existe uma liberdade intrínseca a esse momento, nada precisa ser diferente do que já é. Como estamos conscientes, toda a paisagem do coração e da mente se transforma, sem a necessidade de impor nenhum modelo à experiência. Pelo contrário, desenvolvemos a autocompreensão, que pode ter grande influência na maneira como nos relacionamos com nossa experiência interior e exterior, qualquer que seja. Estamos fazendo amizade com a mente e o coração do jeito que são e aprendendo a habitar um silêncio imperturbável que nunca deixa de estar aqui – uma quietude que é a base de nossa natureza como seres humanos.

A partir dessa intimidade e desse cultivo, a cura e a transformação acontecem naturalmente.

Atenção plena como pura consciência

• • •

PRÁTICA GUIADA
Áudio 5
Atenção plena como pura consciência

• • •

Nessa última meditação, a prática é se manter presente na própria consciência, sem escolher nenhum objeto específico ao qual voltar a atenção.

Essa é a mesma consciência que viemos trazendo para diferentes aspectos da experiência nas outras práticas formais da atenção plena. Essa prática é às vezes chamada de "atenção sem objeto", "consciência sem escolha" ou "presença aberta". Não existe nenhum plano em termos do objeto da atenção. Trata-se simplesmente de ser o conhecimento que chega através das diferentes portas de sensações, que são mais de cinco, como já vimos.

Como também vimos, a consciência pode abarcar qualquer coisa. É como o espaço, não ocupa lugar. Assim, ela pode conter pensamentos, sentimentos ou as sensações do corpo – que podem ser dolorosos ou não, produzir ansiedade ou não. Da perspectiva da consciência, não importa. É como uma mãe segurando seu bebê. Não importa o que o bebê tenha feito ou experimentado, a mãe continua segurando-o com amor e aceitação incondicionais. Ainda que o bebê sinta dor, a mãe o segura com todo o carinho. Isso em si já é reconfortante e terapêutico.

Em certo sentido, essa prática incorpora o momento presente e o infinito, porque o silêncio é infinito e a quietude, duradoura e imperturbável. A consciência não precisa fazer nada. Não precisamos que nada aconteça. Ela apenas vê. Ela apenas sabe. E, nessa visão, no reconhecimento de quaisquer sensações que cheguem por qualquer um dos sentidos, no toque de todo e qualquer pensamento na consciência, tudo isso que surge na mente – sejam pensamentos, emoções ou sensações – se libera e se dissolve por conta própria. E, se *não* os alimentarmos, esses acontecimentos na mente não levam a mais nada, não nos capturam nem nos fazem repeli-los.

Assim, de forma simples (embora não seja fácil) e compassiva (o que também nem sempre é fácil), mantemos a consciência do que surge, o reconhecemos e conhecemos da melhor forma possível. Você não precisa fazer nada. Não existe ação aqui. Apenas a consciência indiferente, na presença aberta, um momento após o outro... e o restabelecimento na consciência a cada vez que você se distrair e for levado pela mente – o que está fadado a acontecer repetidas vezes. Não há nada de errado nisso. De fato, existe beleza na atividade da mente se lembrarmos que ela não precisa nos definir, que não precisamos ser capturados por ela, que seus conteúdos não são pessoais.

Essa prática da consciência indiferente, como todas as outras, é uma ocasião para se deixar convidar pela qualidade receptiva, vazia, espaçosa e conhecedora da consciência. É um convite para permanecer na consciência e neste momento atemporal que chamamos de "agora". Isso nos oferece uma nova dimensão do ser, em que podemos viver, ser tocados pelo mundo e tocá-lo, alcançando as outras pessoas em sua alegria e sua dor, em que somos capazes de retornar para a atenção aos nossos sentidos – todos eles – e despertar para a realidade de quem somos de verdade.

Epílogo

À medida que aprendemos a estabilizar a atenção e a permitir que os objetos no campo da consciência se tornem mais vívidos – enxergando-os com mais clareza ao mergulhar sob a superfície das aparências –, descobrimos uma maneira de habitar e repousar nessa capacidade da consciência que já é nossa. Ela pode nos acompanhar a cada instante em nossa jornada pela vida, nos bons e nos maus momentos. Cada um de nós pode aprender a contar com essa consciência, com o poder da atenção plena, e a viver no único momento em que estamos vivos, no único que realmente importa. E, como venho enfatizando desde o princípio e você logo será capaz de constatar com a prática persistente, é só isso que importa.

Temos o hábito de pensar em nós mesmos de uma forma pequena, limitada – e de nos identificarmos com o conteúdo de pensamentos, emoções e da narrativa que construímos à nossa volta –, com base apenas em quanto gostamos ou não do que está acontecendo. Esse é nosso estado geral padrão. O poder da atenção plena é o poder de examinar essas autoidentificações e suas consequências, o poder de examinar as visões e perspectivas que adotamos de maneira tão irrefletida e automática que passamos a pensar que definem quem somos. O poder da atenção plena reside em prestar atenção de uma forma diferente e mais profunda na realidade da vida se desenrolando a cada momento, permitindo que passemos da irreflexão para a consciência.

No final, o poder terapêutico e transformador da atenção plena reside em estarmos atentos ao milagre e à beleza de nosso ser e às possibilidades de ser, conhecer e fazer numa vida que é vivida, enfrentada e mantida na consciência, com profunda gentileza, a cada momento.

Assim, ao continuar cultivando a atenção plena em sua vida, que você possa, segundo a bênção dos navajos, "caminhar na beleza".

E que possa perceber que isso é quem você já é.

Agradecimentos

Sou profundamente grato a minha esposa, Myla, por suas sugestões perspicazes e incisivas e seu olhar e seu coração sempre lúcidos.

Sou grato a dois amigos e irmãos no Dharma: Larry Rosenberg, do Cambridge Insight Meditation Center, e Corrado Pensa, da Associazione per la Meditazione di Consapevolezza (A.Me.Co), em Roma.

Sou grato a Alan Wallace pela visão do Buda como um grande cientista e pela metáfora do telescópio e a necessidade de estabilizá-lo e calibrá-lo antes de olhar.

Agradeço a Tami Simon, fundadora e presidente da Sounds True, pela ideia de desenvolver um livro a partir do programa original de áudios e por sua paciência, boa vontade e amizade profunda.

Também gostaria de exprimir minha gratidão a Haven Iverson, da Sounds True, por conduzir meus manuscritos de forma tão hábil por todas as suas fases editoriais, e a Laurel Kallenbach, pelo cuidadoso e ponderado trabalho de copidesque.

Leituras recomendadas

Você pode começar sua jornada pela atenção plena em qualquer ponto do caminho. E é bom confiar nos seus instintos e opções. Às vezes o livro certo simplesmente cai da estante. Outras vezes, um título vai até você ou alguém coloca o livro perfeito nas suas mãos no momento certo. Qualquer um desses acontecimentos pode sinalizar um bom lugar para começar, ou recomeçar.

AJAHN AMERO, *Small Boat, Great Mountain*. Redwood Valley, CA: Abhayagiri Monastic Foundation, 2003.

AJAHN SUMEDO, *The Mind and the Way*. Boston: Wisdom, 1995.

BANTE HENEPOLA GUNARATANA, *Mindfulness in Plain English*. Sommerville, MA: Wisdom, 2002.

BARRY BOYCE, ed., *The Mindfulness Revolution*. Boston: Shambhala, 2011.

BHIKKHU BODHI, *The Noble Eightfold Path*. Onalaska, WA: BPS Pariyatti Editions, 2000.

BOB STAHL E ELISHA GOLDSTEIN, *A Mindfulness-Based Stress Reduction Workbook*. Oakland, CA: New Harbinger, 2010.

CHOGYAM TRUNGPA, *Além do materialismo espiritual*. São Paulo: Cultrix, 1993.

CHOGYAM TRUNGPA, *Meditation in Action*. Boston: Shambhala, 1970.

CHOKYI NYIMA RINPOCHE, *Present Fresh Wakefulness*. Boudhanath, Nepal: Rangjung Yeshe Books, 2004.

CHRISTOPHER GERMER, *The Mindful Path to Self-Compassion*. Nova York: Guilford, 2009.

DANIEL GOLEMAN, *Como lidar com emoções destrutivas*. Rio de Janeiro: Campus, 2003.

DANIEL GOLEMAN, *Emoções que curam*. Rio de Janeiro: Rocco, 1999.

DANIEL J. SIEGAL, *The Mindful Brain*. Nova York: Norton, 2007.

DANIEL J. SIEGAL, *The Mindful Therapist*. Nova York: Norton, 2010.

DONALD MCCOWAN, DIANE REIBEL E MARC S. MICOZZI, *Teaching Mindfulness*. Nova York: Springer, 2010.

ECKHART TOLLE, *O poder do agora*. Rio de Janeiro: Sextante, 2005.

ELANA ROSENBAUM, *Here for Now,* Harwick, MA: Satya House, 2005.

ELIZABETH HAMILTON, *Untrain Your Parrot*. Boston: Shambhala, 2007.

FABRIZIO DIDONNA, ed., *Clinical Handbook of Mindfulness*. Nova York: Springer, 2008.

GINA BIEGEL, *The Stress Reduction Workbook for Teens*. Oakland, CA: New Harbinger, 2009.

JACK KORNFIELD, *A Lamp in the Darkness*. Boulder, CO: Sounds True, 2011.

JAN CHOZEN BAYS, *Como domar um elefante*. São Paulo: Alaúde, 2013.

JAN CHOZEN BAYS, *Mindful Eating*. Boston: Shambhala, 2009.

JIDDU KRISHNAMURTI, *This Light in Oneself*. Boston: Shambhala, 1999.

JOKO BECK, *Nada de especial: vivendo zen*. São Paulo: Saraiva, 1994.

JON KABAT-ZINN E RICHARD J. DAVIDSON, *The Mind's Own Physician*. Oakland, CA: New Harbinger, 2012.

JON KABAT-ZINN, *Arriving at Your Own Door*. Nova York: Hyperion, 2007.

Jon Kabat-Zinn, *Coming to Our Senses*. Nova York: Hyperion, 2005.

Jon Kabat-Zinn, *Full Catastrophe Living*. Nova York: Random House, 1990; 2ª ed., 2013.

Jon Kabat-Zinn, *Letting Everything Become Your Teacher*. Nova York: Random House, 2009.

Jon Kabat-Zinn, *Wherever You Go, There You Are*. Nova York: Hyperion, 1994.

Joseph Goldstein e Jack Kornfield, *Seeking the Heart of Wisdom*. Boston: Shambhala, 1987.

Larry Rosenberg, *Breath by Breath*. Boston: Shambhala, 1998.

Larry Rosenberg, *Living in the Light of Dying*. Boston: Shambhala, 2000.

Linda Carlson e Michael Specca, *Mindfulness-Based Cancer Recovery*. Oakland, CA: New Harbinger, 2011.

Mark Williams e Danny Penman, *Atenção plena*. Rio de Janeiro: Sextante, 2015.

Mark Williams, John Teasdale, Zindel Segal e Jon Kabat-Zinn, *The Mindful Way Through Depression*. Nova York: Guilford, 2007.

Matthieu Ricard, *Felicidade: a prática do bem-estar*. São Paulo: Palas Athena, 2007.

Matthieu Ricard, *O monge e o filósofo*. São Paulo: Mandarim, 1999.

Matthieu Ricard, *Why Meditate?*. Nova York: Hay House, 2010.

Mingyur Rinpoche, *A alegria de viver*. Rio de Janeiro: Elsevier, 2007.

Mingyur Rinpoche, *Joyful Wisdom*. Nova York: Harmony Books, 2010.

Myla Kabat-Zinn e Jon Kabat-Zinn, *Everyday Blessings*. Nova York: Hyperion, 1997.

Nancy Bardacke, *Mindful Birthing*. Nova York: HarperCollins, 2012.

Norman Fischer, *De volta para casa*. Rio de Janeiro: Rocco, 2010.

Nyanoponika Thera, *The Heart of Buddhist Meditation*. Nova York: Samual Weiser, 1962.

Philip Kapleau, *Os três pilares do zen*. Belo Horizonte: Itatiaia, 1978.

Randye Semple e Jennifer Lee, *Mindfulness-Based Cognitive Therapy for Anxious Children*. Oakland, CA: New Harbinger, 2011.

Richard Davidson e Anne Harrington, *Visions of Compassion*. Nova York: Oxford University Press, 2002.

Richard J. Davidson e Sharon Begley, *O estilo emocional do cérebro*. Rio de Janeiro: Sextante, 2013.

Rick Hanson e Richard Mendius, *O cérebro de Buda: Neurociência prática para a felicidade*. São Paulo: Alaúde, 2012.

Saki Santorelli, *Heal Thy Self*. Nova York: Bell Tower, 1999.

Sharon Salzberg, *A Heart as Wide as the World*. Boston: Shambhala, 1997.

Sharon Salzberg, *A real felicidade*. Rio de Janeiro: Lumen, 2012.

Sharon Salzberg, *Lovingkindness*. Boston: Shambhala, 1995.

Shauna Shapiro e Linda Carlson, *The Art and Science of Mindfulness*. Washington DC: American Psychological Association, 2009.

Shen-Yen, *Hoofprints of the Ox*. Nova York: Oxford University Press, 2001.

Shunru Suzuki, *Zen Mind, Beginner's Mind*. Nova York: Weatherhill, 1970.

Stephanie Kaza, *Mindfully Green*. Boston: Shambhala, 2008.

Stephen Mitchell, *O segundo livro do Tao*. Rio de Janeiro: Best Seller, 2010.

Susan Alpers, *Eat, Drink, and Be Mindful*. Oakland, CA: New Harbinger, 2008.

Susan Kaiser-Greenland, *The Mindful Child*, Nova York: Free Press, 2010.

Susan Orsillo e Lizbeth Roemer, *The Mindful Way Through Anxiety*. Nova York: Guilford, 2011.

Susan Smalley e Diana Winston, *Fully Present*. Philadelphia: Da Capo, 2010.

Thich Nhat Hanh, *Para viver em paz: o milagre da mente alerta*. Petrópolis: Vozes, 1976.

Tim Ryan, *A Mindful Nation*. Nova York: Hay House, 2012.

Toni Packer, *The Silent Question*. Boston: Shambhala, 2007.

Trish Bartley, *Mindfulness-Based Cognitive Therapy for Cancer*. Oxford, UK: Wiley-Blackwell, 2012.

Tulku Urgyen, *Rainbow Painting*. Boudhanath, Nepal: Rangjung Yeshe, 1995.

Zindel Segal, John Teasdale e Mark Williams, *Mindfulness-Based Cognitive Therapy for Depression*. Nova York: Guilford, 2002.

O autor

Jon Kabat-Zinn, Ph.D., Professor Emérito de Medicina da Faculdade de Medicina da Universidade de Massachusetts, é o fundador do Centro para Atenção Plena em Medicina, Assistência Médica e Sociedade e de sua mundialmente famosa clínica que utiliza o Programa de Redução do Estresse Baseado na Atenção Plena (MBSR). É autor de vários livros que foram traduzidos para mais de 30 idiomas.

Recebeu o diploma de doutor em biologia molecular do MIT no laboratório de Salvador Luria e é médico ganhador do Prêmio Nobel. A carreira de pesquisa do Dr. Kabat-Zinn enfocou as interações mente/corpo para a cura e as aplicações clínicas do treinamento em atenção plena para pessoas com dor crônica e distúrbios ligados ao estresse, incluindo os efeitos da MBSR sobre o cérebro e como ele processa as emoções, particularmente sob estresse, e sobre o sistema imunológico (em colaboração com Richard J. Davidson, Ph.D., e colegas na Universidade de Wisconsin). Seu trabalho contribuiu para um movimento crescente de atenção plena em instituições tradicionais como hospitais, faculdades, grandes empresas, prisões e organizações de esportes profissionais. Centros médicos ao redor do mundo agora oferecem programas clínicos baseados no treinamento em atenção plena e MBSR.

O Dr. Kabat-Zinn recebeu numerosos prêmios no decorrer de sua carreira, sendo os mais recentes: Distinguished Friend Award (2005), da Association for Behavioral and Cognitive Therapies; Inaugural Pioneer in Integrative Medicine Award (2007), da Bravewell Philanthropic

Collaborative for Integrative Medicine; e Mind and Brain Prize (2008), do Centro para Ciência Cognitiva da Universidade de Turim, Itália.

É convocador e fundador do Consórcio de Centros de Saúde Acadêmicos para Medicina Integrativa e membro do conselho diretor do Mind and Life Institute. Seus projetos recentes incluem a organização (com Richard J. Davidson) de *The Mind's Own Physician: A Scientific Dialogue with the Dalai Lama on the Healing Power of Meditation*, e a organização (com Mark Williams, Ph.D., da Universidade de Oxford) de uma edição especial da revista *Contemporary Buddhism* (volume 12, edição de janeiro de 2011), dedicada ao tema da atenção plena de diferentes perspectivas clássicas e clínicas. Ele e sua mulher, Myla Kabat-Zinn, apoiam iniciativas para promover a criação de filhos com atenção plena e a atenção plena na educação das crianças.

CONHEÇA OUTRO TÍTULO DA EDITORA SEXTANTE

Atenção plena – Mindfulness

Mark Williams e Danny Penman

Com mais de 1,5 milhão de exemplares vendidos, este livro apresenta uma série de práticas simples para expandir sua consciência e quebrar o ciclo de ansiedade, estresse, infelicidade e exaustão.

Recomendado pelo Instituto Nacional de Excelência Clínica do Reino Unido, este método ajuda a trazer alegria e tranquilidade para sua vida, permitindo que você enfrente seus desafios com uma coragem renovada.

Mais do que uma técnica de meditação, a atenção plena (ou *mindfulness*) é um estilo de vida que consiste em estar aberto à experiência presente, observando seus pensamentos sem julgamentos, críticas ou elucubrações.

Ao tomar consciência daquilo que sente, você se torna capaz de identificar sentimentos nocivos antes que eles ganhem força e desencadeiem um fluxo de emoções negativas – que é o que faz você se sentir estressado, irritado e frustrado.

Esse livro apresenta um curso de oito semanas com exercícios e meditações diárias que vão ajudá-lo a se libertar das pressões cotidianas, a se tornar mais compassivo consigo mesmo e a lidar com as dificuldades de forma mais tranquila e ponderada.

Você descobrirá que a sensação de calma, liberdade e contentamento que tanto procura está sempre à sua disposição – a apenas uma respiração de distância.

CONHEÇA OS LIVROS DE JON KABAT-ZINN

Atenção plena para iniciantes

Aonde quer que você vá, é você que está lá

Para saber mais sobre os títulos e autores da Editora Sextante,
visite o nosso site e siga as nossas redes sociais.
Além de informações sobre os próximos lançamentos,
você terá acesso a conteúdos exclusivos
e poderá participar de promoções e sorteios.

sextante.com.br